아이의 쓰기 연습

생각을 **문장**으로 써내는

아이의 쓰기연습

김성효 지음

21세기북스

글쓰기의 힘을 믿으세요

'오늘은 급식에서 제육볶음이 나왔다. 맛있었다. 파이팅.'

'오늘은 수학시간에 익힘책을 풀었다. 힘들었다. 내일은 더 잘해야지.'

매일 이런 내용으로 일기를 써오던 아이가 있었습니다. 처음엔 쓸거리가 없어서 그러는 줄 알고, 재미있는 글감 찾기를 내주었습니다. '내가 황금똥을 누게 된다면?' '내가 로또 1등에 당첨된다면?' 같은 글감을 백 개쯤 만들어주고 골라 쓰게 했지만, 글은 달라지지 않았습니다.

'내가 황금똥을 누면 정말 재미있을 것 같다. 금방 부자가 될 것 같다. 끝.'

'내가 로또 1등에 당첨되면 정말 행복할 것 같다. 엄마랑 아

빠한테 맛있는 걸 많이 사달라고 해야지. 끝.'

현장체험학습을 다녀온 다음 날도 마찬가지였습니다.

'오늘은 현장체험학습으로 부여에 갔다 왔다. 볼 게 많아서 좋았다. 끝.'

부여 현장체험학습이라면 쓸 말이 넘칠 것 같은데도 그랬습니다.

처음 글쓰기를 지도할 때는 왜 이런 일이 생기는지 몰랐습니다. 글감이 재미없어서인가, 쓸 말이 없어서인가, 막연하게 짐작만 했습니다. 원인을 글감의 특별함에서 찾았기에 글감을 바꿔보고, 특별한 활동도 해봤지만 결과는 같았습니다. 원인을 잘못 짚었기 때문입니다.

지금은 왜 그랬는지 너무나 잘 압니다. 글감의 문제도 아니었고, 평범한 일상이어서도 아니었습니다. 세상 모든 일에는 원리가 있습니다. 수학을 잘하려면 개념 이해와 충분한 연습이 필요하고, 영어를 잘하려면 어휘와 많은 발화가 필요하며, 피아노를 잘 치려면 악보를 읽고 꾸준히 연습해야 합니다. 누구나 아는 이야기입니다. 글쓰기도 마찬가지입니다. 원리가 있고, 핵심을 꿰뚫는 이치가 있습니다.

저는 비문학과 문학을 고루 써온 작가입니다. 에세이, 동화, 청소년 소설, 역사추리 소설, SF소설, 그리고 독서·공부·습관·말하기·초등학교 적응·친구관계를 주제로 한 책들까지, 십오 년 동안 사십 권을 써왔습니다. 전국 교사들과 교육대학원 학생들에게도 오래 글쓰기를 가르쳤습니다. 그 경험 위에서 글쓰기가 무엇이냐고 묻는다면, 저는 망설임 없이 답합니다. 내 생각을 글로 표현해서 다른 사람을 설득하는 것이라고.

글쓰기는 크게 비문학 글쓰기와 문학 글쓰기로 나뉩니다. 비문학 글을 문학처럼 쓰면 장황하고 어수선해지고, 문학 글을 비문학처럼 쓰면 딱딱해서 읽기 싫어집니다. 글의 성격에 맞게 쓸 수 있어야 하고, 그 이치를 깨닫는 것이 글쓰기의 핵심입니다.

이 차이를 이해하고 적절한 방법으로 연습하면 누구나 기본 이상의 글을 쓸 수 있습니다. 나머지는 연습의 문제일 뿐입니다. 십수 년간 성인과 아이 모두를 가르치면서 깨달은 것입니다. 흥미롭게도, 성인보다 아이가 글이 더 빨리 늡니다. 성인은 기존의 배경지식과 경험으로 판단하느라 원리를 쉽게 받아들이지 못하지만, 아이는 판단 없이 흡수하듯 배우기 때문입니다.

한 번은 온라인으로 글쓰기를 가르친 아이가 있었습니다. 40분씩 네 번, 수업이 끝난 뒤 전국 단위 글쓰기 대회에 나갔는데 대상을 받았습니다. 시상식장에서 다른 학생들을 인솔해온 선생님들이 물었답니다. "혹시 000이니, 아니면 ***?" 이름만 들으면 알 만한 유명 논술 학습 브랜드에서 배운 줄 알았던 것이죠.

아니라고 했더니 신기하다며 어디서 배웠냐고 했답니다. 어머니가 너무 기쁘고 행복했다고 후기를 전해주셨습니다. 이 아이는 글쓰기를 따로 배운 적이 없었고, 평소 책을 즐겨 읽었지만 뭘 어떻게 써야 할지 몰랐을 뿐이었습니다. 글쓰기의 원리와 방법을 알게 되자, 짧은 시간에 놀라울 만큼 달라진 것입니다.

단, 한 가지 조건이 있습니다. 많이 읽어야 쓸 수 있다는 것입니다. 읽은 게 많아야 할 말도 많습니다. 많이, 제대로 읽은 아이가 글도 잘 씁니다. 구슬이 서 말이라도 꿰어야 보배라 했습니다. 읽기는 구슬을 모으는 일이고, 쓰기는 그것을 목걸이로 엮는 일입니다.

이 책에는 그 아이를 가르쳤던 방법이 모두 담겨 있습니다. 이 책을 읽는 분들이 글쓰기의 힘을 이해하고, 그 힘을 아이와 함께 현명하게 사용하시길 바랍니다. 저에게 세상에서 가장 힘센 공부가 뭐냐고 묻는다면 삼십 년 교직경력으로 말씀드릴 것 같습니다. 잘 읽고 잘 쓰기라고요. 글쓰기가 궁금한 대한민국의 모든 독자들께 이 책을 바칩니다. 감사하고 사랑합니다.

2026년 봄을 기다리며

김성효 씀

1장

초등 글쓰기, 왜 해야 할까?

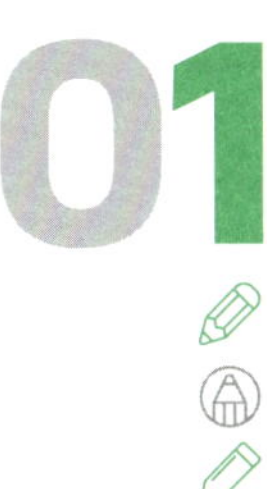

세계 명문 대학은
글쓰기를 가르친다
: 리더와 글쓰기의 관계

세계 명문 대학이라고 하면 몇 개 대학이 머리에 떠오릅니다. 하버드, MIT, 케임브리지, 옥스퍼드, 스탠퍼드. 세계 최고 대학들이지요. 이들 대학에는 세계 명문 대학이라는 점 말고도 공통점이 하나 더 있습니다. 글쓰기를 필수 교육과정으로 다룬다는 것입니다.

하버드 대학에선 1872년부터 글쓰기 교육을 시작했습니다. 케임브리지는 지금도 지도 교수가 일대일로 학생이 쓴 에세이를 꼼꼼하게 코칭합니다. MIT에서도 글쓰기 전문 튜터가 일대일로 첨삭합니다. 학생들은 독후감부터 논문 쓰기까지 튜터와 함께 글쓰기를 새롭게 익힙니다. 이들 세계 최고 대학에서 왜 글쓰기를 기초부터 다시 가르칠까요?

세계 명문 대학에 진학하는 학생은 공부를 매우 잘합니다. 책을 사진 찍듯이 통째로 외우는 학생, 국가별 상위 0.1% 안에 드는 학생, 온갖 스펙으로 총무장한 학생 등 일일이 꼽을 수 없을 정도로 우수한 학생들이 모여듭니다. 그러나 하버드나 케임브리지 같은 대학에선 이런 학생들조차 글쓰기를 배워야 한다고 생각합니다. 리더에게 글쓰기는 선택이 아닌 필수라고 생각하기 때문입니다.

세계적인 학자, 기업가, 정치인 모두 말과 글로 생각을 표현합니다. 말하기나 글쓰기를 잘하지 못하면서 리더가 될 수는 없습니다. 학자가 되고 싶다면 논문이라는 논리적인 글쓰기에 능숙해야 하고, 정치인이 되고 싶다면 국민이 신뢰할 수 있는 말과 행동을 보여주어야 합니다. 기업가가 되고 싶다면 사람과 사회를 이해해야 합니다. 물론 사람과 사회를 이해하는 가장 좋은 도구는 말과 글입니다.

연구자는 연구 결과를 논문으로 표현합니다. 새롭고 가치 있는 연구 못지않게 결과를 담아내는 그릇인 글쓰기도 중요합니다. 이때는 분량이 아닌 논리적인 사고가 중요합니다. 논문도 연구 성과의 핵심을 논리적으로 잘 담아내면 충분합니다. 제임스 왓슨과 프랜시스 크릭이 DNA 구조가 이중나선형임을 밝힌 논문은 128줄에 불과했지만, 훗날 그들이 노벨 생리의학상을 받는 데 결정적인 기여를 했습니다.

과학자가 글을 쓴다? 생소하게 들릴지 모르겠습니다. 대한민국에선 이과 계열로 진학할 학생은 수학과 과학만 잘하면 된다고 생각합니다. 그러나 과학자도 연구 결과를 논문으로 써야 합니다. 평소 글쓰기에 관심이 없던 학생이라면 나중에 훌륭한 연구를 해놓고도 뜻밖에 글쓰기 때문에 고생할 수 있겠지요.

리더는 중요한 결정을 내려야 하는 때가 많습니다. 리더가 어떤 결정을 내리느냐에 따라 한 나라 또는 한 기업의 운명이 달라집니다. 이때 결과를 정확하게 예측하고 미래를 읽는 안목 역시 평소 많이 읽고 써본 능력에서 옵니다. 글을 잘 읽고 잘 쓰는 것은 작게는 개인의 운명을 바꾸고 크게는 기업과 나라의 운명을 바꿉니다.

우리는 어떤가요. 세계 명문 대학에서 일찍부터 글쓰기에 열을 올렸던 것과 비교해 우리가 글쓰기 교육에 쏟는 관심은 너무나 작습니다. 초등학교에서 대학교까지 글쓰기 교육 한번 제대로 받지 않고 사회에 나오는 이가 내부분입니다. 사회에는 보고서 한 장 쓰기도 힘들어 하는 성인이 수두룩합니다.

세계 명문 대학은 최고로 우수한 학생에게도 글쓰기를 기초부터 가르칩니다. 글쓰기는 기초부터 제대로 배우지 않으면 안 배운 것보다 못하기 때문입니다. 글은 무턱대고 많이 쓰는 것으로 늘지 않습니다. 보디빌더가 근육을 키울 때처럼 정확한 방법을 알고 연습해야만 합니다.

저는 교사와 아이들 모두에게 글쓰기를 가르쳤습니다. 2018년 1월부터 한 달에 한 번씩 책을 쓰고 싶어 하는 교사들을 위해 무료로 글쓰기 강좌를 진행해 왔습니다. 솔직히 성인에게 글쓰기를 가르치는 일은 어렵습니다. 강의하고 나면 진이 다 빠집니다. 정말로 힘듭니다.

상대적으로 아이는 어른보다 글쓰기를 가르치기가 쉽습니다. 아이는 어른처럼 배경지식은 많지 않아도 스펀지처럼 무엇이든 쉽게 흡수합니다. 그만큼 빠르게 성장하기도 하지요. 어릴 때부터 글을 쓴다면 그 아이의 삶은 어떻게 달라질까요. 저는 상상할 수 있습니다. 그건 리더의 삶일 것입니다. 지금부터 시작하세요. 리더와 글쓰기는 평생의 친구입니다.

감정 표현에 미숙할수록
글을 써야 한다

2018년 봄이었습니다. 요르단 암만에서 한글 학교 선생님들에게 학급 경영에 대해 강의했습니다. 한글 학교는 자녀들에게 한글과 한국사를 가르치기 위해 교민들이 자발적으로 운영하는 야학 같은 곳입니다. 그때 중동에서 20년을 사셨다는 어느 선생님이 물어보셨습니다.

"선생님, 영어로 'Excuse'는 가벼운 사과이고 'Sorry'는 자신의 책임을 인정한다는 의미를 포함해요. 유독 한국 아이들은 질못하고도 아무런 사과를 하지 않아서 싸움으로 커지는 일이 많아요. 왜 그럴까요?"

외국에서 오래 사신 한글 학교 선생님들은 한국 아이들이 감정 표현을 잘 못한다고 입을 모았습니다. 한글 학교 선생님들

말씀처럼 한국 교실에선 감정 표현에 미숙해서 벌어지는 싸움이 많습니다. 친구와 의견이 충돌할 때 논리적으로 설득하기보다는 화를 내면서 때리고 욕하는 아이도 많습니다. 여럿이 함께 지내는 교실에선 부정적인 감정을 말과 글로 적절히 표현하는 게 너무나 중요합니다.

『아홉 살 마음 사전』을 쓴 박성우 시인은 인터뷰에서 이렇게 말했습니다.

"'거절하다' 같은 말에 대해서 우리는 부정적인 의미를 가지고 있잖아요. 사실 그건 언어를 잘 쓰지 못하는 사람의 개념이에요. 그런 걸 보면 우리가 평소에 얼마나 편협하게 언어를 쓰는지 알게 되죠. 거절하는 건 중요한 거잖아요. 거절할 건 거절할 줄 알아야 되죠."

만약 아이가 꼭 필요한 순간에 거절하지 못한다면 어떻게 될까요. 쓸데없는 일에 질질 끌려 다니면서 힘들어할 것입니다. 실제로 초등 고학년 아이들에게 자주 있는 일입니다.

글을 쓰면 자신의 감정을 정확하게 들여다보게 됩니다. 글쓰기는 사고력만 키우는 게 아니라 마음을 달래고 감정을 치유하는 힘이 있습니다. 저학년은 물론이고 고학년 아이들에게도 글쓰기는 자신의 감정을 성찰한다는 점에서 큰 의미를 갖습니다.

한국 사회에서 나를 남에게 설명한다는 것은 어려운 일입니다. 자칫 잘난 척한다는 말을 듣기 일쑤입니다. 그러나 아이들은 지식을 배우듯 감정을 표현하는 일도 배워야 합니다. 스무 명 남짓한 작은 학급 공동체에서조차 나에 대해 이야기하지 못한다면 나중에는 더 힘들겠지요. 감정을 말과 글로 표현하고 다음에 어떻게 행동하고 말해야 할지 연습해 보는 과정은 아이들의 사회화 과정에서 우리가 결코 잊어서는 안 될 부분입니다.

저는 학생들과 '아름다운 마음 사전'을 만들면서 내 마음을 들여다보는 일을 해보았습니다. 마음 사전을 만들면 아이와 정말 많은 이야기를 나눌 수 있습니다. 평소에 미처 몰랐던 아이의 속마음을 세심하게 살펴볼 수 있습니다. 글을 쓰면 부정적인 감정을 흘려보내면서 치유할 수 있습니다. '친구에게 화내지 않고 거절하기'처럼 아이로서는 몹시 어려운 감정 표현도 해낼 수 있게 됩니다.

'아이와 엄마가 주고받는 도시락 편지'도 좋습니다. 어릴 때 제 도시락에는 작은 쪽지가 종종 들어 있었습니다. 엄마가 쓴 편지였습니다. 아빠에게 혼났을 때, 준비물을 미처 못 사고 그냥 가야 했을 때, 첫눈이 내렸을 때……. 엄마는 제게 도시락 편지를 썼습니다.

돌아보면 아침마다 아이 셋에 남편 도시락까지 싸면서 엄마는 얼마나 바빴을까 싶습니다. 그런데도 엄마는 제게 일상의 아름다움을 속삭이는 도시락 편지를 써주셨던 겁니다. 그때 저는 엄마에게 답장을 써본 적 없이 늘 받기만 했습니다.

나중에 교사가 된 다음에야 학생들에게 편지를 쓰게 됐습니다. 그 편지들 덕분에 마음잡고 훌륭하게 자란 제자들도 많습니다. 아날로그적인 감성은 아이의 마음을 언제나 울립니다.

아이에게 마음을 담은 짧은 편지를 써보면 어떨까요. 아이와 마음을 나눌 수 있을 겁니다.

 ## 아이와 함께 마음 사전 만들기

준비물 엽서 크기 종이 여러 장, 사인펜과 색연필

1. 종이에 감정과 관련된 단어를 빨간색으로 씁니다.
2. 단어의 뜻을 파란색으로 씁니다.
3. 엄마나 친구에게 종이를 넘깁니다.
4. 엄마나 친구가 생각하는 단어의 뜻을 씁니다. 언제 그런 기분이었는지, 어떤 느낌이었는지를 자세하게 씁니다.

   예 〈보고 싶다〉

   유진이 - 엄마가 집에 없을 때 허전하고 얼굴이 자꾸 떠오르는 것

   엄마 - 유진이가 체험학습 갔을 때 언제 오나 기다리는 것

   성연이 - 좋아하는 사람을 못 보면 얼굴이 자꾸 생각나는 것
5. 빈 자리에는 적당한 그림을 그립니다.
6. 엄마나 친구와 함께 여러 장에 감정과 뜻을 나눠 마음 사전을 만듭니다.

보고 싶다

엄마가 집에 없을 때 허전하고 얼굴이 자꾸 떠오르는 것

유진이가 체험학습 갔을 때 언제 오나 기다리는 것

좋아하는 사람을 못 보면 얼굴이 자꾸 생각나는 것

설레다

아빠:

엄마:

나:

03

초등 글쓰기
십계명

　글쓰기를 오랫동안 가르쳐왔지만 초등학생 글쓰기 교육은 여전히 어렵습니다. 아이들에게 글쓰기를 가르치는 이들 모두가 함께 고민할 부분이 많습니다. 초등학생 글쓰기는 하고 싶은 말이 술술 풀려나오는 것이어야 합니다. 거미가 거미줄을 뽑아내는 것이 삶이고 본능이듯이 글쓰기도 그런 것이어야 합니다.

　자신의 삶을 스스로 돌아보고 다른 사람과 어우러져 행복하게 살아가는 아이로 자라길 기대하는 마음으로, 그동안 고민해왔던 글쓰기 교육과 관련된 내용들을 십계명으로 정리했습니다. 아이들에게 글쓰기를 가르치기에 앞서 함께 생각해 보셨으면 합니다.

1. 삶을 가꾸는 글쓰기에서 삶을 바꾸는 글쓰기로 나아간다

아동문학가이자 우리말 연구가인 이오덕 선생은『이오덕의 글쓰기』에서 "글쓰기 교육의 목표는 아이들을 정직하고 진실한 사람으로 키우는 데 있다. 곧, 아이들의 삶을 가꾸는 것이다. 글을 쓸 거리를 찾고 정하는 단계에서, 쓸 거리를 생각하고 정리하는 가운데서, 실제로 글을 쓰면서, 쓴 것을 고치고 비판하고 감상하는 과정에서 삶과 생각을 키워가는 것이 목표가 되어야 한다"라고 말했습니다.

글쓰기 교육에 조금이라도 관심을 가진 사람이라면 누구나 공감할 말입니다. 초등 글쓰기 교육은 이처럼 아이를 정직하고 진실한 사람으로 키우는 것이어야 합니다. 아이가 글쓰기로 삶을 가꾸고 바꿀 수 있도록 어른이 함께 해야 합니다.

글쓰기는 논리적이고 체계적인 사고를 길러줍니다. 매일 똑같은 일상이어도 더 깊이 삶을 성찰하게 됩니다. 독서를 더 많이 하게 되고, 말과 글로 생각을 적절하게 표현하는 일이 점점 편해집니다. 삶을 가꾸는 글쓰기가 삶을 바꾸는 글쓰기로 나아가는 것입니다.

솔직하면서 아름다운 마음으로 쓰기, 풍부한 느낌 표현하기,

사물의 참모습을 붙잡는 자세한 글쓰기, 사람다운 행동을 하는 글쓰기, 새로운 생각을 지향하는 글쓰기야말로 우리가 아이들과 함께해야 할 글쓰기입니다.

2. 솔직하게 써도 된다: 임금님이 벌거벗었어요!

아이는 정직하고 진실한 글을 써야 합니다. 정직하고 진실한 글은 누가 볼까 염려하면서 쓰는 글이 아닙니다.

<u>제목: 일요일</u>

나는 일요일이 제일 좋다. 학교에 안 가도 되니까. 학교에 안 가면 숙제도 안 해도 되고, 공책 정리도 안 해도 되고, 조용히 안 있어도 된다. 일요일에는 학교에 안 가니까 나는 일요일이 참 좋다.

성연이가 1학년 때 쓴 일기입니다. 다음 날 선생님이 일기를 검사하면서 "성연이는 일요일이 좋다고 썼구나. 학교가 재미없나 봐?"라고 물어보셨습니다. 선생님은 스치듯이 한 마디 했을 뿐이지만 성연이는 이후로 일요일에 학교 안 가서 좋다는 일기를 한 번도 쓰지 않았습니다.

솔직한 글쓰기는 본 대로, 들은 대로, 생각하고 느낀 대로 쓰는 걸 말합니다. 거짓으로 꾸미거나 없는 말을 지어서 하지만 않으면 됩니다. 동화 『벌거벗은 임금님』처럼 하고 싶은 말을 하는 게 아이들이기 때문에 글쓰기 부담을 조금만 덜어줘도 아이들은 글을 솔직하게 잘 씁니다. '엄마가 밉다', '선생님이 싫다', '학교 가고 싶지 않다'라고 글을 쓰는 게 차라리 낫습니다. 우울하고 마음이 아픈 아이들은 그런 글조차 쓰지 않습니다.

3. 선한 글쓰기로 세상을 이롭게 하자: 아프냐? 나도 아프다

글은 선한 것이어야 합니다. 아이뿐 아니라 어른이 쓰는 글도 그렇습니다. 잔인하거나 다른 사람에게 상처 주는 글을 쓰면 안 됩니다. 글은 양날의 검과 같아서 남을 찌른 글은 언젠가 나도 찌릅니다. 아이는 인간을 사랑하고 존중하는 법을 배워야 하고, 그런 마음을 담은 글을 써야 합니다.

아이들 일기에서 자주 보이는 게 '불쌍하다'는 표현입니다.

강아지가 비에 젖어서 불쌍했다, 잠자리가 죽어 있어서 불쌍했다, 선생님한테 친구가 혼나서 불쌍했다. 아이들은 불쌍한 게 참 많지요.

불쌍하다는 것은 남의 아픔을 함께 느끼는 것입니다. 바로 측은지심(惻隱之心)입니다. 저는 리더가 꼭 갖춰야 할 인성 덕목이 측은지심이라고 생각합니다. 불쌍한 게 없는 사람은 잔인합니다. 다른 사람을 공격하는 말과 행동을 하고도 잘못한 줄 모릅니다.

아이들은 그렇지 않습니다. 고양이가 배고파서 불쌍하고, 강아지가 비에 젖어서 불쌍하고, 친구가 혼나서 불쌍한 것은 모두 상대에 공감하기 때문입니다. 아이들 특유의 착한 심성을 글로 표현하는 것 역시 초등 글쓰기 교육에서 놓치지 말아야 할 부분입니다.

앞서 말한 솔직한 글쓰기 못지않게 선한 글쓰기도 중요합니다. 글이란 공개되어 읽히는 순간 칼이 되기도 하고 약이 되기도 합니다. 내가 쓴 글이 다른 사람을 마음 아프게 하는 것만은 하지 않도록 항상 살펴주세요. 인터넷 악플, 악성 리뷰, 욕과 험담 모두 경계해야 합니다.

오래전 일입니다. 일기장에 담임교사 욕을 여섯 장 가득 써 온 6학년 아이가 있었습니다. 전날 담임교사가 왕따 아이를 편

드는 말을 했던 게 화근이었습니다. 아이는 그게 너무 분해서 일기장 가득 욕을 썼습니다. 그때 교사가 받은 상처는 이루 말할 수 없이 컸습니다. 그 상처받은 선생이 바로 저입니다. 어린 아이의 글이라도 교사 가슴을 얼마나 찌를 수 있다는 걸 깨달았지요.

글을 쓸 때 아이에게 올바른 가치관도 함께 가르치세요. 본성을 살리는 윤리적이고 선한 글을 쓰게 하세요. 솔직하다고 무조건 다 좋은 게 아닙니다. 솔직한 태도는 칭찬받을 만하지만 남에게 지울 수 없는 상처를 준다면 그 글은 좋은 글이 아닙니다.

4. 아이들은 작가다: 톡 건드려주기만 해도 잘 쓰는 아이들

어른 눈에는 아이가 하는 모든 것이 어설피 보입니다. 아이가 쓰는 글도 모자란 것만 보입니다. 그렇지만 아이들은 우리가 생각하는 것 이상으로 글을 잘 씁니다. 아이들은 보는 그대로 느끼고 있는 그대로 생각합니다. 그 생각이 말과 글로 세상에 풀려나오면 이야기가 됩니다.

유진이가 2학년 때 썼던 일기입니다. 엄마가 왔는지 궁금했
지만 차마 다른 사람일까 싶어 들여다보지 않고 꾹 참았다고 합
니다. 아이가 입말로 종알종알 하는 이야기를 글로 옮기면 이렇
게 자연스러운 글 한 편이 나옵니다. 이때 '이 부분은 어떻게 하
지', '문장이 어떻네' 하면 나오던 것도 쏙 들어갑니다.

초등 글쓰기 교육은 아이의 마음속에서 잠자는 이야기가 깨
어나도록 톡 하고 건드리는 것입니다. 누구를 의식하고 쓰지만
않아도 아이는 하고 싶은 말을 글로 잘 풀어냅니다. 글이 빨리
늘지 않는다고 야단하지 말고, 이야기를 풀어내는 방법을 차근
차근 가르쳐주세요.

5. 글은 쓴 사람이 고쳐야 자연스럽다

글은 그릇입니다. 쓴 사람의 생각과 정신이 담기지요. 쓴 사람이 아닌 다른 사람이 글에 손을 대는 순간 순결성도 훼손됩니다. 아이가 쓴 글이어도 아이가 고치는 게 가장 자연스럽습니다. 글쓰기를 잘 모르는 어른이 섣불리 손을 대면 오히려 글이 어색해지는 경우가 많습니다. 설사 문법에 맞지 않고 어색한 문장이 있어도 스스로 고치도록 어른은 짧게 의견 정도만 말하는 게 좋습니다.

성연이는 초등학교 3학년 때 판타지를 썼습니다. 늑대 소녀와 뱀파이어 사랑 이야기, 구미호 소년 이야기를 썼습니다. 성연이가 연습장에 쓴 판타지를 처음 보여주었을 때 저는 문장은 이렇게 쓰고 문단은 저렇게 써야 한다고 열심히 가르쳤습니다.

성연이는 제가 꼬치꼬치 지도한 다음부터 더는 판타지를 쓰지 않았습니다. 그냥 뒀으면 밈껏 썼을 것을 엄마가 잔소리하는 바람에 의욕만 꺾은 셈입니다. 글쓰기를 좋아하는 아이도 엄마가 잔소리하면 글쓰기가 싫어집니다. 글은 아이가 쓰고 싶을 때 쓰고 스스로 고치는 게 가장 좋습니다. 183쪽에 글을 쓴 다음 스스로 고칠 수 있도록 '글쓰기 자기점검표'를 소개했습니다.

특히 아이 글을 읽었을 때 잘못 쓴 부분만 지적하지 마세요. 생동감 있게 표현하거나 자세하게 표현한 부분처럼 좋은 점 위주로 이야기하세요. 초등 공부의 반은 자신감이듯 초등 글쓰기도 반은 자신감입니다.

6. 글쓰기에는 논술만 있는 게 아니다

글쓰기라 하면 많은 분이 논술을 떠올립니다. 독서도 논술, 역사도 논술, 교과서도 논술로 이어집니다. 하도 논술만 강조하니 정작 아이는 논술이라는 말만 들어도 진저리를 칩니다. 역설적이지만 논술을 잘하려면 논술만 써서는 안 됩니다.

논술은 여러 글쓰기 갈래 가운데 하나일 뿐입니다. 이런저런 글을 다양하게 쓰다 보면 자연스럽게 논술도 잘 쓸 수 있습니다. 논술만 연습하면 글을 기교 있게 구성하는 일은 잘할지 모릅니다. 그러나 생각이 깊지 않다면 다양한 주제로 논술을 써야 할 때 한계에 부딪칠 수밖에 없습니다.

교육청 사이버 논술 강사로 5년 가까이 초등학생 논술을 읽고 첨삭했습니다. 첨삭할 때마다 주제와 관련된 책을 여러 권 읽고 논술 아닌 다른 글도 써보라고 조언했습니다. 같은 주제로 다양한 글을 써보면 생각이 깊고 넓어집니다. 논술을 잘할 수 있는 조건을 갖추게 되지요.

글을 잘 쓰는 아이는 논술도 잘 쓰지만, 논술만 쓴 아이는 다른 글은 못 씁니다. 진짜 필요할 때 논술을 잘 쓰려면 '논술만' 가르칠 게 아니라 '논술도' 가르치세요.

7. 관찰과 조사는 글쓰기의 바탕이다

나태주 시인이 쓴 「풀꽃」이라는 시가 있습니다. 이 시에서 시인은 자세히 보아야 예쁘고 오래 보아야 사랑스럽다고 이야기합니다. 풀꽃은 가까이서 봐야 꽃잎이 보일 만큼 작습니다. 우리가 너무 작고 소소해서 지나치는 풀꽃은, 그것을 오래 들여다본 시인에게는 그냥 풀꽃이 아닙니다. 사랑스러운 꽃이지요.

글쓰기를 잘하려면 시인처럼 작은 것조자 놓지지 않고 사세히 봐야 합니다. 관찰은 초등학생이 글쓰기를 연습하기에 아주 좋은 방법입니다. 사물 하나를 정해서 자세하게 보고, 본 대로 쓰는 것이야말로 아이들이 가장 잘하는 솔직하고 진실한 글을 쓰는 방법입니다.

관찰은 글을 쓰기 위한 토대를 다지는 일입니다. 관찰은 본 대로 느낀 대로 생각나는 대로 글을 쓸 수 있는 기초 훈련이 되어줍니다. 가정에서 작은 식물을 하나 기르면서 변화 과정을 관찰하고 글로 쓰게 하면 아이들이 사물을 세심하게 바라보는 눈이 길러집니다.

관찰과 함께 조사도 열심히 해야 합니다. 자료 조사는 작가가 글을 쓰기 위한 필수 코스입니다. 궁금한 것을 찾아보고 궁리하는 태도는 글쓰기와 공부의 밑거름이 됩니다. 더 알아보고 싶은 것을 조사하고, 알아낸 것을 글로 쓰면서 공부하는 습관을 만들어주세요.

아이와 박물관에 갈 때도 보고 올 것을 정한 다음 가세요. 무엇을 보고 올지 미리 정해서 자세하게 관찰하게 하세요. 보고 온 것은 다시 글로 정리하고 그밖에 더 알아보고 싶은 것을 조사해서 채워가게 하세요. 이런 습관을 갖춘 아이는 글쓰기는 물론이고 사회나 과학처럼 기초 지식을 바탕으로 하는 과목 공부를 잘할 수 있습니다.

8. 읽은 만큼 써야 글이 는다

학부모들은 아이가 평소 책을 많이 읽으면 글도 당연히 잘 쓸 거라고 생각합니다. 그런데 글쓰기를 가르치는 사람이라면 모두 입을 모아 아니라고 말합니다. 저도 책은 많이 읽었어도 글쓰기라면 자신 없어 하는 아이들을 많이 봤습니다. 이유는 간단합니다.

"글을 써본 적이 없어서……."

독서는 글을 잘 쓸 수 있는 기초 요건입니다. 목걸이로 비유한다면 책을 많이 읽은 아이는 꽤 구슬을 많이 갖고 있는 것입니다. 그러나 구슬이 서 말이라도 꿰어야 보배가 되듯이, 책만 많이 읽어서는 글쓰기를 잘할 수 없습니다. 읽은 만큼 써야 글이 늡니다.

읽었으면 쓰게 하세요. 짧은 문장으로라도 읽고 생각한 것을 정리하게 하세요. 처음부터 긴 글을 쓰는 것보다 짧게 시작해 서서히 늘려가는 게 좋습니다. 습관이 될 때까지는 한두 문장을 쓰게 하세요.

읽고 쓰고 읽고 쓰고 하는 아이는 천하무적입니다. 글쓰기만 잘하는 게 아닙니다. 무슨 일이든 잘 해냅니다.

9. 입말로 쓴 글이 좋다

글 쓰는 게 업무이다 보니 어떤 글이 좋은 글이냐는 질문을 종종 받습니다. 어른이든 아이든 할 것 없이 입말로 읽었을 때 자연스러운 것이 좋은 글입니다. 소리 내 읽어서 어색하거나 거슬리는 부분이 없으면 잘 쓴 글이지만 그렇지 않다면 분명 잘못 쓴 글입니다. 이건 저뿐 아니라 글 쓰는 사람이라면 누구나 똑같이 생각하는 부분입니다.

아이가 자주 하는 말, 평소 하던 입말 그대로 쓰면 그게 잘 쓴 글입니다. 어른이 쓰는 말을 어설프게 흉내 내는 것보다 아이 입말 그대로 쓰는 게 더 담백하고 좋습니다.

- 바람에 옷깃이 날리듯 마음이 가벼워졌다.
- 마음이 후련했다.

어른들은 바람에 옷깃이 날리듯 마음이 가벼워졌다고 표현하면 그럴싸하다고 생각합니다. 그런데 아이들은 이렇게 말하지 않고 마음이 후련했다고 합니다. 평소 쓰지 않는 표현을 글로 쓰는 것은 어색할 뿐입니다. 아이가 어른처럼 표현하는 방식을 억지로 배울 필요는 없습니다. 어른들이 억지로 쥐어짜서 쓴

만연체보다 후련했다는 짧은 입말이 더 낫습니다.

아이들이 글쓰기를 잘못 배우면 자꾸 어른처럼 글을 쓰려 합니다. 그렇게 글쓰기를 배운 아이들은 하늘이 파랗다고 해도 될 것을 '가슴 시리게 파란 하늘을 올려다보며'라고 씁니다. 이런 습관은 한번 들면 잘 고쳐지지도 않습니다.

100쇄 이상 발행된 『대통령의 글쓰기』에서 강원국 작가는 말합니다.

"짧고 간결하게 써라."

성인도 짧게 써야 좋은 글입니다. 길게 늘어지는 어른 표현을 배우지 않아도 됩니다. 입말로 쓰고 입말로 읽어서 어색한 것을 고치는 게 어른이나 아이나 할 것 없이 글을 잘 쓰는 비밀입니다. 입말로 편하게 쓰면 됩니다. 자신이 자주 쓰는 입말을 그대로 살려서 쓴 게 가장 아이다운 글입니다.

10. 잘 쓰려면 함께 쓰자

글쓰기는 시간이 오래 걸리는 일입니다. 오늘 가르치고 내일 글이 안 늘었다고 초조해 하지 마세요. 초등 글쓰기 교육은 아이가 글쓰기에 어려움을 느끼지 않고 자신감을 갖게 되면 그

것으로도 충분히 잘한 것입니다. 격려하고 다독여야지, 야심차게 시작해서 몇 번 쓰다가 혼내고 그만둘 거라면 안 하는 게 오히려 속이 편할 겁니다. 세상 어떤 공부도 지름길은 없습니다. 돌탑을 쌓듯이 끝없이 노력해야 공부도 잘하고 글도 잘 씁니다.

끈기 있게 글을 쓰려면 옆에서 아이와 함께 글 쓰는 사람이 있어야 합니다. 잘 쓰라고 야단치면서 정작 엄마나 선생님은 글을 쓰지 않는다면 아이가 어떤 부분을 어려워하는지 구체적으로 도와줄 수 없습니다. 글을 직접 써본 사람만이 아이가 글쓰기를 어려워할 때 도와줄 수 있습니다.

짧은 글이라도 아이와 함께 쓰세요. 함께 읽고, 나누고, 쓰면서 삶을 가꿔보세요. 글은 사랑하는 사람과 함께 쓸 때 더 따뜻해지고 아름다워집니다.

2장

초등 글쓰기 준비하기

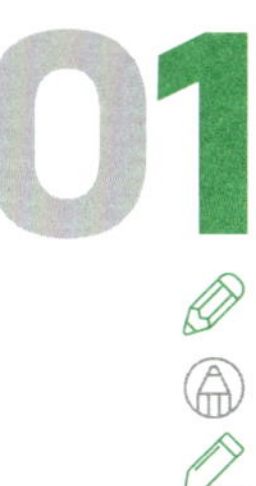

자형을 알면
예쁜 글씨를 쓸 수 있다

초등 저학년 때 연필 힘 있게 쥐기, 바른 자세로 앉기, 정확한 획순 쓰기를 잘 익혀두면 나중에 유용하게 쓸 때가 꼭 옵니다. 본격적인 글쓰기에 앞서 글씨를 바르고 예쁘게 쓰는 것도 익혀야겠지요.

저는 교대 부설 국립초등학교에서 5년 동안 근무했습니다. 수백 명의 교생을 지도했는데 뜻밖에도 많은 학생이 글씨를 잘 못 썼습니다. 삐뚤빼뚤 쓰는 학생, 캘리그라피처럼 쓰는 학생, 써놓고 자기 글씨도 못 알아보는 학생까지 악필 유형은 무척 다양했습니다.

이번 장에서 소개하는 방법은 악필 교생들과 많은 날을 함께 고민하면서 찾아낸 방법입니다. 자음과 모음이 균형을 이뤄

아름다움을 뽐내는 한글 조형 원리를 따랐습니다. 아직 고유한 글씨체가 없는 저학년 아이 글씨가 교정하기 가장 쉽지만 습관이 된 어른도 상관없습니다. 정확한 원리만 알면 혼자 몇 번만 연습해도 글씨가 예뻐집니다.

글씨를 교정할 때는 교과서 글씨를 연습해야 합니다. 교과서 글씨는 누가 봐도 알아보기 쉽고, 가독성이 좋아서 잘 읽힙니다. 교과서 글씨를 모델로 삼아 연습하게 하세요.

초등학교 1학년 국어과 교사용 지도서에 나온 '모양에 맞게 글자 쓰기'를 활용해 예쁘게 글씨 쓰는 방법을 소개합니다.

1. 반듯하게 허리를 펴고 앉습니다. 엎드려서 쓰거나 턱을 괴는 것이 습관이 되면 쉽게 안 고쳐집니다.

2. 교과서 글씨는 ◇, ◁, △, □로 자형을 나눌 수 있습니다. 글씨에 커다란 도형 틀을 덮는 것과 같습니다.

3. ◁ 저, 가, 애, 야…
자음과 ㅏ, ㅑ, ㅓ, ㅕ, ㅣ 모음이 만난 글자들은 기울인 세모형이 어울립니다. 자음은 작고, 모음은 길고 가느다랗습니다.

자음 + **모음** ㅏ, ㅑ, ㅓ, ㅕ, ㅣ = 저, 가, 야…

자음 + **모음** ㅐ, ㅔ, ㅒ, ㅖ = 해, 게, 얘, 세…

4. ◇ 부, 규, 손, 음…

자음과 ㅜ, ㅠ 모음이 만나거나, 자음과 ㅗ, ㅛ, ㅡ 모음에 다시 자음이 만난 글자들은 마름모형이 어울립니다. 다른 글자처럼 자음은 작고, 모음은 길고 가느다랗습니다.

자음 + **모음** ㅜ, ㅠ = 부, 규, 수…

자음 + **모음** ㅡ, ㅗ, ㅓ + **자음** = 손, 용, 음…

5. △ 소, 고, 호…

자음과 ㅗ, ㅛ 모음이 만난 글자들은 바른 세모형과 어울립니다.

자음 + **모음** ㅗ, ㅛ = 소, 고, 호…

6. □ 난, 년, 임, 양, 성…

이 외 나머지는 네모형 글자입니다.

자음 + **모음** + ㅏ, ㅓ, ㅣ, ㅑ, ㅕ + **자음** =

난, 녕, 양, 경…

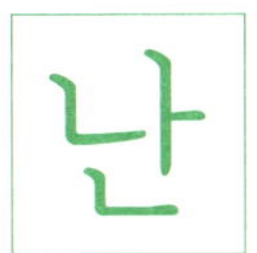

7. 한 글자로 된 낱말을 생각나는 대로 다섯 개만 씁니다.

8. 글자와 어울리는 도형 짝꿍을 찾아봅니다.

은 - 마름모형 ◇　　　바 - 기울인 세모형 ◁

소 - 바른 세모형 △　　　남 - 네모형 □　　　상 - 네모형 □

9. 모음은 가느다랗고 길게, 자음은 모음보다 작게 씁니다.
익숙해지면 모음 끄트머리를 살짝 꺾습니다.

은율이의 연습 전 글씨

은율이의 1차 글씨 연습

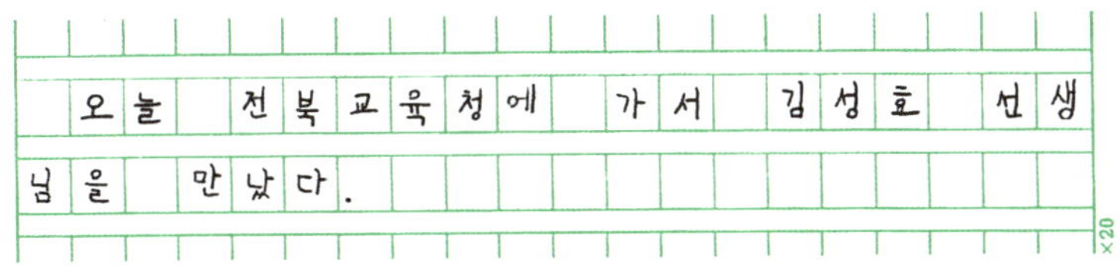

은율이의 2차 글씨 연습

은율이(초등 6학년)는 소개한 방법대로 세 번 연습했습니다. 이후 은율이는 학교 선생님과 친구들에게 글씨가 몰라보게 예뻐졌다는 이야기를 듣는다고 합니다.

02

원고지 쓰기,
이것만 알면 된다

원고지에 글을 쓰면 띄어쓰기나 문장부호를 쉽게 익힐 수 있습니다. 컴퓨터 워드프로그램으로 글을 쓰면 편리하지만 교정부호, 맞춤법과 띄어쓰기, 문장부호와 문단 나누기 등 글을 쓰기 위해서 꼭 알아야 할 기본 원칙들을 배울 수 없습니다. 따로 시간을 내서 가르치지 말고 평소 원고지에 다양한 글을 써보는 게 좋습니다.

원고지 쓰기, 시작하기

1. 첫째 줄: 왼쪽에 독후감, 편지, 일기, 동시처럼 글의 종류

를 적습니다.

2. 둘째 줄: 한 가운데에 제목을 씁니다.

3. 셋째 줄: 비웁니다.

4. 넷째 줄: 오른쪽 끝에 소속(학교)을 씁니다.

5. 다섯째 줄: 오른쪽 끝에 이름과 학년을 씁니다.

6. 여섯째 줄: 한 줄을 통째로 비웁니다.

7. 일곱째 줄: 문단을 시작할 때만 첫 칸을 비웁니다. 그렇지 않을 때는 첫 칸을 비우는 일이 없습니다.

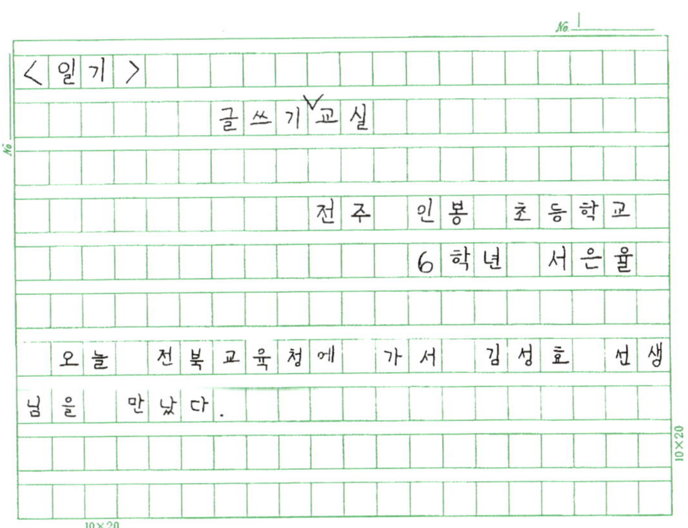

원고지 쓰기, 네 가지만 기억하자

1. 문단을 바꿀 때만 첫 칸을 비웁니다.

2. 마지막 칸은 ∨(한 칸 떼기)를 표시하거나 아니거나 둘 중 하나입니다.

① 글자를 쓸 칸이 남지 않았을 때 ∨ 표시를 합니다.

	나	도		모	르	게		하	늘	을		바	라	보	았	다	.	옷	이	∨
젖	은		줄	도		몰	랐	다	.											

② 마지막 칸이 비면 ∨ 표시를 하지 않습니다.

젖	은		줄	도		몰	랐	다	.	그	저		멍	한		눈	으	로	
하	늘	만		볼		뿐	이	었	다	.									

3. 문장이 마지막 칸에서 끝나면 온점도 칸에 넣습니다. 그리고 ∨를 표시합니다.

누	구	도		모	르	게		하	늘	을		바	라	보	아	야		했	다.	∨
왠	지		서	러	웠	다	.													

4. 따옴표 문장은 새로운 줄에 씁니다.

대화는 새로운 줄에서 시작합니다. 대화가 끝날 때까지는 원고지 첫 칸을 모두 비워서 눈에 잘 띄도록 합니다. 첫 칸을 비우는 것만 빼면 다른 문장을 쓸 때와 똑같습니다.

김	첨	지		목	소	리	가		갑	자	기		들	려	왔	다	.	깜	짝
놀	랐	지	만		모	른		척	했	다	.								
	"	아	니	,	벌	써		가	려	는		게	야	?	밥	은		먹	고
가	는		건	가	?	"													

아이와 다양한 글을 원고지에 함께 써보세요. 원고지에 빙고 놀이도 하고, 퀴즈도 풀고, 받아쓰기도 해보세요. 원고지가 낯설지 않고 친구처럼 느껴질 겁니다.

03

공부가 쉬워지는
필기구 활용법

필기구는 활용법을 따로 가르치는 게 좋습니다. 필통 가득 필기구가 들어 있어도 수업 시간에 어떻게 써야 할지 모르는 아이가 많습니다. 6학년인데도 연필 자국이 남게 지우개를 쓰는 아이도 있습니다. 지우개 사용법을 배운 적이 없어서 그렇지요. 필통에 들어 있는 필기구는 활용법을 모두 정확하게 알아야 합니다. 수업 시간에 자주 쓰는 필기구 활용법을 간단하게 소개합니다.

15cm 자

중요 단어와 문장에 밑줄을 그을 때 씁니다. 집중력이 약한 아이는 글을 읽을 때 종이나 자로 아래를 가리고 읽게 하세요. 읽는 문장에 집중하는 데 도움이 됩니다.

3색 볼펜

빨간색 중요한 단어에 밑줄을 치거나 중요 내용을 메모할 때

파란색 궁금한 내용이나 모르는 낱말을 표시할 때

녹색 내 생각을 메모하거나 재미있는 내용을 쓸 때

형광펜

새로운 개념이나 핵심 단어를 강조할 때 씁니다. 교과서를 처음 읽을 때는 빨간 볼펜으로 중요 내용이나 단어에만 밑줄을 긋고, 다음에 같은 내용을 읽을 때는 형광펜으로 잊지 말아야 할 단어에 덧칠합니다. 나중에 한 번 더 읽을 때 형광펜으로 덧칠한 단어 가운데 중요한 것에만 별표를 세 개 그리게 합니다. 교과서를 읽을 때 빨간 펜과 형광펜을 이렇게 활용하면 다음에는 중요한 개념만 눈에 쏙쏙 들어옵니다.

연필

연필을 잘 쥐면 필기 분량이 많아도 끄떡없습니다. 그렇지 않으면 조금만 필기해도 손이 아프죠. 연필 바르게 쥐기는 저학년 때부터 집중적으로 지도하는 게 좋습니다.

1. 엄지와 검지 끝을 맞닿게 해서 동그라미를 만듭니다.
2. 나머지 손가락들은 오므려서 검지를 받칩니다.

3. 손가락으로 만든 동그라미 안쪽으로 연필을 넣습니다.

4. 연필을 단단하게 고정합니다.

5. 중지로 연필을 받칩니다.

지우개

미술용 지우개가 좋습니다. 지우개를 엄지와 검지로 쥔 다음 종이를 누르면서 지웁니다. 연필 자국이 남아서 계산 실수를 하는 아이도 많습니다.

글씨를 잘 쓰는 것 못지않게 잘 지우는 것도 중요합니다.

활동 예시 지우개 활용법을 익히는 비밀 글자 찾기 놀이

준비물 흰 종이, 연필, 지우개

1. 흰 종이를 준비합니다.

2. 큰 글씨로 문장을 쓰되 글자와 글자 사이를 띄엄띄엄 씁니다.

3. 글자 사이에 의미 없는 말을 적습니다.

엄마는무하가운우리내지우가미제일사좋아사하

4. 아이와 가위바위보를 합니다. 아이가 이기면 한 글자씩 지우고, 엄마가 이기면 한 글자씩 씁니다.

5. 글자를 다 지우고 남은 글자를 함께 읽습니다.

엄마는 우리 지우가 제일 좋아

셰익스피어처럼 쓰려면
국어사전과 친해야 한다

영국이 자랑하는 세계적인 극작가 윌리엄 셰익스피어는 한 작품에 평균 2만 개 넘는 단어를 사용했다고 합니다[1]. 또한 원고 한 장에 같은 낱말을 두 번 쓰지 않았다고도 합니다.

셰익스피어처럼 글을 쓰려면 머릿속에 거대한 어휘 창고를 마련해야 합니다 보통 사람이라면 엄두도 안 나겠지만 다행히 우리에겐 국어사전이 있습니다. 국어사전은 낱말의 뜻, 반대말, 비슷한 말, 적절한 쓰임까지 알려줍니다. 우리가 잘 모르는 채 사용하는 말도 국어사전은 정확하게 설명합니다. 예를 들어 '입장'과 '처지'는 비슷한 말로 생각하지만 사실은 그렇지 않습니다.

입장 ① 당면하고 있는 상황

　　　② 각자 상황에 따라서 가지는 생각이나 세우는 주장

처지 처하여 있는 사정이나 형편

'처지(處地)'는 한국식 한자어이고 '입장(立場)'은 일본식 한자어이다. 의미는 둘 다 처한 상황이나 놓인 자리를 뜻한다. 그래서 국립국어원은 일본식 한자어 '입장' 대신에 '처지'를 쓸 것을 권해왔다. 그런데 입장을 폭넓게 써온 결과 '입장'이 '처지'와는 다른 의미가 생겼다. 지금은 '입장'을 '처지'로 바꾸면 매우 어색한 경우가 많다.

- 여야 입장 차이가 워낙 커서 협의가 되지 않고 있다. = 견해
- 검찰은 수사에 성역이 없다는 입장을 거듭 밝혔다. = 뜻
- 그렇게 되면 우리 입장이 매우 난처하게 된다. = 처지

이 세 예문에서 '입장'을 '처지'로 바꿔도 말이 되는 문장은 마지막 문장 하나이다.

남영신 작가의 『보리 국어 바로쓰기 사전』에서 입장과 처지를 설명한 글입니다. 아마 국어사전이 없다면 입장과 처지가 어

떻게 다른지 잘 모를 겁니다. 국어사전은 적절한 자리에 꼭 맞는 낱말을 쓸 수 있게 도와주지만 요즘 아이들은 사전을 잘 모릅니다. 학교에서 배우기 전까지 국어사전을 만져본 적 없는 아이도 많습니다. 아이가 국어사전과 친해지는 게 먼저겠지요.

국어사전으로 할 수 있는 몇 가지 놀이를 소개합니다.

 **국어사전으로 끝말잇기 놀이하기**

1. 책을 한 권 펼칩니다.
2. 낱말을 하나 고릅니다.
3. 고른 낱말을 국어사전에서 엄마와 아이가 함께 찾습니다.
4. 찾은 낱말의 끝말로 시작하는 말을 아이가 사전에서 혼자 찾습니다.
5. 아이가 뜻을 읽으면 엄마가 무슨 낱말인지 맞힙니다.
6. 역할을 바꿉니다.

　예 감투

　　→ 국어사전에서 '감투'를 찾고 뜻 읽기

　　→ 아이 혼자 '투'로 시작하는 낱말을 국어사전에서 찾기(투우)

　　→ 아이가 '투우'의 뜻 읽기

　　→ 엄마가 낱말 맞히기

　　→ 엄마가 '우'로 시작하는 낱말 찾기(우기)

　　→ 엄마가 '우기'의 뜻 읽기

　　→ 아이가 맞히기 → …

나만의 국어사전 만들기

1. 평소에 자주 쓰지만 설명하기 어려운 추상적인 낱말을 고릅니다.
2. 국어사전으로 뜻을 함께 확인합니다.
3. 엄마가 실생활에서 쓰이는 예를 가르칩니다.
4. 아이가 뜻을 설명하게 합니다.
5. 아이와 함께 쉬운 말로 다시 정의 내립니다.

> 예 **마음** [국어사전] 생각, 감정, 기억 따위가 생기거나 자리한다고 생각하는 곳
>
> [유진이 사전] 내 가슴에서 말하는 소리
>
> **하늘** [국어사전] 지평선이나 수평선 위로 보이는 무한대의 넓은 공간
>
> [유진이 사전] 해와 별과 달이 뜨는 곳

아이와 함께하는 국어사전 초성 퀴즈

1. 아이가 퀴즈로 낼 낱말을 생각합니다.
2. 국어사전에서 낱말 뜻을 찾은 다음 쪽수를 확인합니다.
3. 1단계 힌트로 낱말 초성을 알려줍니다.
4. 2단계 힌트로 국어사전 쪽수를 알려줍니다.
5. 3단계 힌트로 낱말의 뜻을 설명합니다.

> 예 **1단계 힌트** 초성 ㄴ, ㅂ, ㄹ로 시작해요.
>
> **2단계 힌트** 국어사전 99쪽에 나오는 낱말이에요.
>
> **3단계 힌트** 눈이 바람과 함께 세게 불어오는 걸 말해요.
>
> **답** 눈보라

받아쓰기,
쉽게 할 수 없을까

〈가〉 나랏말ㅆ·미듕귁에달아문자와로서로사ㅁ·ㅅ디아니할쌔

〈나〉 나랏말ㅆ·미 듕귁에 달아 문자와로 서로 사ㅁ·ㅅ디 아니할쌔

세종대왕이 훈민정음을 만든 이유를 설명한 『훈민정음해례본』 첫 문장입니다. 현대어가 아니라 낯설긴 해도 〈가〉보다 〈나〉가 잘 읽힙니다. 낱말마다 띄어 썼으니까요.

훈민정음을 창제할 때만 해도 한자가 공공기관에서 사용되는 공용 문자였습니다. 훈민정음도 처음에는 한자처럼 띄어쓰기 없이 세로로 썼습니다. 훗날 1896년 《독립신문》을 발간했을 때 주시경 선생이 처음으로 한글도 영어처럼 띄어 쓰자고 주장했습니다. 한글을 띄어서 읽고 쓴 역사는 불과 100년 안팎이지만 띄어서 쓰고 읽는 덕분에 글을 더 빠르게 읽게 됐습니다.

지금의 띄어쓰기는 예외가 많습니다. 우리말 달인이나 국어 학자가 아니고서는 띄어쓰기와 맞춤법을 완벽하게 아는 사람은 드뭅니다. 어른도 그럴진대 아이들은 오죽할까요. 아이들은 어릴 때 받아쓰기라는 이름으로 띄어쓰기, 맞춤법과 한바탕 전쟁을 치릅니다.

띄어쓰기를 잘하려면 먼저 띄어 읽는 것을 잘해야 합니다. 입으로 소리 내어 띄어 읽는 것을 충분히 연습한 다음 써야지, 무턱대고 문장 받아쓰기로 넘어가버리면 아이들이 힘들어합니다.

초등 1, 2학년군 국어 교과서는 띄어 읽기를 쉼표, 마침표, 물음표, 느낌표 등 문장부호와 연계했습니다. 집에서 가르칠 때는 쉼표에선 1초, 마침표에선 2초간 쉬고, 물음표는 끝을 올리고, 느낌표는 눈을 동그랗게 뜨게 하면 아이가 쉽게 따라합니다. 초등학교 1학년 국어과 교사용 지도서에 나오는 〈똑같아요〉 노래도 문장부호를 쉽게 익히는 데 도움이 됩니다.

〈똑같아요〉 노래로 문장부호 익히기

부르는 말에는 쉼표

설명하는 문장엔 마침표

묻는 문장엔 물음표

느낌을 나타낼 땐 느낌표

저학년을 담임했을 때 저희 반 아이들은 받아쓰기를 잘했습니다. 받아쓰기 때문에 학부모도 학생도 스트레스를 받지 않았습니다. 학생들을 가르친 방법 그대로 유진이도 집에서 가르쳤습니다. 몇 번 연습한 다음 유진이도 받아쓰기를 곧잘 했습니다. 유진이를 가르칠 때 나눴던 대화를 그대로 옮겨봅니다.

1. 조사

유진이한테 친한 친구가 있듯이 한글도 함께 어울리기 좋아하는 친구들이 있어. '으로', '가', '은', '는', '에서', '를' 이런 말(조사)들이지. 이 아이들은 혼자는 못 놀아. 짝꿍이랑 같이 다녀.

2. 명사

우리말에는 이름을 알려주는 말(명사)이 있어. 예를 들면 '유진이', '엄마', '바람'처럼.

3. 명사와 조사는 붙여서 쓰기

이름을 알려 주는 말과 혼자서 못 노는 말은 언제나 같이 다녀. 그래서 '유진이가', '바람은'처럼 써주지.

4. 형용사와 부사

‘일찍’, ‘빨리’ 같은 말은 어떨까. ‘일’하고 ‘찍’을 따로 쓰면 무슨 말인지 모르겠지. 이런 단어들은 이름을 알려주는 말이나 동작을 나타내는 말을 꾸며줘. ‘예쁜 유진이’, ‘빨리 걷는다’처럼. 꾸며주는 말들은 다른 말과 구별해 주기 위해서 띄어서 써줘. ‘예쁜유진이’가 아니라 ‘예쁜 유진이’로.

5. 동사

‘갔다’, ‘떨어졌다’, ‘달린다’는 동작을 말해주는 단어야. 동작을 만약 슬로모션처럼 천천히 나눠서 하면 너무 웃기겠지? 그래서 이런 말은 ‘달 린 다’처럼 나누지 않고 하나로 ‘달린다’로 함께 써줘.

6. 예시 문장 살피기

‘학교에일찍갔다’는 어떻게 써야 할까? ‘학교’와 ‘에’는 붙여서 써. ‘학교에’가 되지. ‘일찍’과 ‘갔다’는 각각 뜻이 있는 말이지? 이런 건 혼자 있어도 되는 씩씩한 말들이야. 띄어서 써주지.

7. 동화책 문장 읽어보기

사과가"쿵"하고떨어졌습니다.

사과가˅"쿵"˅하고˅떨어졌습니다.

8. 띄어쓰기가 헷갈리는 낱말은 국어사전으로 확인하기

기껏해야

한 발짝

유진이가 어려워하는 띄어쓰기는 대학에서 초등 국어 교육을 전공한 제가 봐도 어렵습니다. 문법을 파고들 듯이 가르치면 끝이 없습니다 받아쓰기 때문에 글쓰기가 싫어지지 않으려면 다양한 문장을 많이 읽고 어느 부분에서 띄어서 썼는지 서서히 익혀가는 게 낫습니다.

좋아하는 계절을 필사하면서 띄어쓰기를 연습해 보세요.

3장

초등 글쓰기의 원리를 찾아서

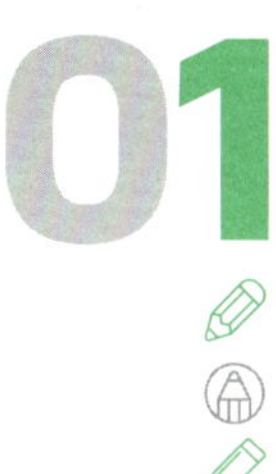

01

왜 우리 아이는
글쓰기를 싫어할까

여름방학을 앞둔 어느 초등학교. 교실 문을 열고 들어가서 밝은 표정으로 웃는 아이들에게 묻습니다.

"방학 숙제로 가장 하기 싫은 일은 무엇인가요?"

다양한 답이 쏟아져 나올 겁니다.

2017년 EBS 〈생방송 톡!톡! 보니하니〉에서도 같은 내용을 설문했습니다. 이 프로그램은 제 두 딸을 포함해서 초등학생 애청자가 아주 많았습니다. 그런 만큼 설문 결과도 주의 깊게 살펴야겠지요.

순위	싫어하는 방학 숙제
1위	일기 쓰기
2위	독후감 쓰기
3위	공부 일지 쓰기
4위	관찰 보고서 쓰기
5위	현장 체험하기
6위	만들기
7위	문제지 풀기

초등학생이 싫어하는 방학 숙제 순위

결과가 상당히 흥미롭습니다. 초등학생들이 싫어하는 방학 숙제로 꼽은 상위 1, 2, 3, 4위 모두 글쓰기 과제입니다. 글쓰기는 옆에서 친절하게 일대일로 코칭해도 자신감이 붙기까지 몇 달은 족히 걸립니다. 요즘은 성인도 수백만 원씩 들여 글쓰기 코칭을 받습니다. 일대일로 첨삭받고 글 쓰는 방법을 기초부터 다시 공부합니다. 그만큼 글쓰기는 어렵습니다.

어른도 글쓰기를 어려워하는데 아이들은 오죽할까요. 살살 타일러도 하기 싫은데 방학 숙제로 해야 하는 글쓰기라면 더 말할 게 없습니다. 당연히 싫습니다. 숙제로 글쓰기를 내주는 것이야말로 아이들이 글쓰기를 싫어하게 되는 가장 큰 이유 중 하나입니다.

저는 어릴 때 선생님이 내준 일기 쓰기 방학 숙제를 한 번도 제대로 해본 적이 없습니다. 항상 개학 직전 열 편씩 몰아서 썼습니다. 그래서 교사가 된 다음에는 방학 숙제는 봉숭아 꽃물 들이기만 냈습니다. 방학 때 글쓰기 숙제가 얼마나 지겨운지 잘 아니까요.

아이들이 글쓰기를 싫어하면 글쓰기를 가르칠 수 없습니다. 세상 어떤 좋은 것도 지루하고 재미없으면 아이들은 배우지 않습니다. 억지로 배우는 것은 아무런 득이 되지 않습니다. 기대하는 것보다 효과도 떨어집니다. 아이들에게 글쓰기를 가르칠 때 가장 좋은 방법은 놀이인 듯 아닌 듯 하는 것입니다.

저희 아이들은 둘 다 시골 초등학교에 다녔습니다. 근처에 있는 작은 마을 도서관에서 책을 읽고, 글을 쓰고, 방학 때는 1박 2일 캠프에 참여하기도 했습니다. 『책 먹는 여우』라는 책에서 따와 이름도 여우네 도서관인데, 저는 아이들이 이 마을 도서관에서 책을 읽고 글쓰는 모습을 볼 때 가장 행복하고 좋았습니다. 아이들이 도서관에 잘 있는지 전화하면 어김없이 이렇게 말하곤 했습니다.

"유진이, 책 읽고 놀러 나갔어요."

놀기만 하는 게 아니라 글도 한 편 쓰긴 합니다. 그렇게 쓴 글이 공책 한 권이 넘었습니다. 만약 조용히 앉아서 책 읽고 독후감 한 편 써야 한다고 했으면 유진이는 도서관에 가지 않았을 겁니다. 도서관에 뭐 하러 가냐고 물어보면 유진이는 항상 똑같이 말합니다.

"놀러 가지."

"그럼 책은 언제 읽고 글은 언제 써?"

"도서관에 가면 책 먼저 읽어. 관장님이 책부터 읽고 놀라고 하셨어. 근데 글은 아무 때나 나 쓰고 싶을 때 써도 된다고 했어. 그래서 글은 쓰고 싶을 때 써."

아, 정말 멋진 관장님! 속으로 몇 번이고 감탄했습니다. 여우네 도서관도 분명 책을 읽으면 독후감을 써야 합니다. 그런데 아이들은 글쓰기를 숙제로 여기지 않습니다. 아이들은 글을 쓰겠다고 약속했고 약속을 지킬 뿐입니다. 초등 글쓰기 교육의 시작은 별 게 아닙니다. 글쓰기를 숙제로 만들지 않는 것입니다.

낱말 쓰기
: 말놀이로 말문 틔우기

아이는 어른처럼 싫은 것을 참지 않습니다. 책 읽기, 글쓰기, 공부 모두 억지로 시키면 오히려 멀어집니다. 저학년 아이들은 글쓰기보다 말하기가 먼저이기 때문에 말로 실컷 놀고 나서 글을 쓰면 좋습니다. 엄마와 함께하는 짬짬이 말놀이를 소개합니다. 말놀이를 하고 나서 글을 쓰게 하면 쓸 말이 많습니다. 아이가 어려서 글을 쓸 수 없으면, 엄마가 아이 말을 받아서 쓰면 됩니다.

활동 예시 ｜ 수수께끼 동시 쓰기

1. 쉬운 수수께끼를 냅니다.

　문제: 개는 개인데 식당에서 볼 수 있는 개는 무엇인가요?　　답: 이쑤시개

2. 아이가 문제를 냅니다.

문제: 개는 개인데 잡을 수 없는 개는 무엇인가요?   답: 무지개, 안개

3. 비슷한 단어로 엄마와 아이가 함께 문제를 만듭니다.

낱말: 베개, 지우개, 고개, 된장찌개

문제: 수업 시간에 없으면 안 되는 개는?   답: 지우개

4. 수수께끼를 그대로 이어서 동시로 씁니다.

제목: 개, 개, 개

무지개도 아니고

안개도 아니야

식당에서 보는 너는

이쑤시개

수업 시간에 없으면 안 되는

지우개

잠 잘 때 끌어안고 자는

베개

문장 기차 만들기

1. 기차가 그려진 학습지를 준비합니다.

2. 기차 첫 칸에 주제를 씁니다.

3. 주제와 어울리는 말을 자음 순서로 한 칸에 하나씩 씁니다.

4. 기차 칸을 모두 채운 다음 낱말을 이어서 글로 씁니다.

제목: 기차 여행

기다란 기차

나무가 창문 밖으로 지나면

다람쥐도 달려간다

라디오에서 노래가 나오면

모자가 바람에 날아가도

바다로 우리는 달려간다

사랑하는 엄마랑 함께 가요

언제나

즐거운 기차 여행

다섯 고개 놀이 : 다섯 번 질문하고 답하기

질문 1. 땅에 사나요?

질문 2. 날개가 있나요?

질문 3. 소리를 낼 수 있나요?

질문 4. 동물인가요?

질문 5. 어디에 사나요?

오감(五感) 활용 다섯 고개 놀이

시각, 청각, 후각, 미각, 촉각 관련 질문만 할 수 있습니다. 교실에서 '오감 활용 다섯 고개 놀이'를 했을 때 학생이 설명한 내용입니다.

1. 시각: 어떤 색인가요?

→ 진한 갈색과 검정색 깃털이 섞였어요. 목에 흰색 깃털이 있어요. 멀리서 보면 목걸이를 한 것처럼 보여요. 깃털은 빳빳해요.

2. 청각: 어떤 소리를 내나요?

→ '끼이익' 하는 큰 소리를 내요.

3. 후각: 어떤 냄새가 나나요?

→ 비둘기 똥 냄새랑 비슷했어요.

4. 미각: 어떤 맛이 나나요?

→ 먹어보지 못했지만 닭고기랑 비슷한 맛이 날 것 같아요.

5. 촉각: 만지면 어떤 느낌인가요?

→ 안 만져봤어요. 만지면 물릴지도 몰라요.

6. 놀이한 내용을 글로 씁니다.

<u>나는 누구일까요.</u>

나는 갈색과 검정색 깃털이 있습니다. 목에는 흰 깃털이 있어서 멀리서 보면 꼭 커다란 목걸이를 한 것 같아요. 빳빳하고 큰 깃털이 많아요. 손으로 만지면 안 돼요. 손을 물지도 몰라요. '끼이익' 하는 큰 소리를 내요. 비둘기 똥이랑 비슷한 냄새가 나요. 만약 나를 먹는다면 닭고기랑 비슷한 맛이 날걸요. 나는 누구일까요.

(답: 독수리)

 ## 활동 예시 **다섯 글자 말하기 놀이**

다섯 글자로만 묻고 답합니다. 익숙해지면 열 글자 말하기나 세 글자 말하기로 응용합니다.

1. 기본: 다섯 글자로 말하기

엄마: 오늘 뭐했어?　　　아이: 공부했이요.

엄마: 재미있었어?　　　아이: 아주 많이요.

2. 응용: 열 글자로 말하기

선생님: 오늘 국어 시간 재미있어?　　아이: 네, 국어 수업 재미있었어요.

선생님: 숙제가 뭐인지 기억하니?　　아이: 말놀이한 거 짧은 글짓기

초등 국어과 교사용 지도서에 나오는 말놀이

낱말 받침 찾기(1학년)

· 선생님이 불러주는 낱말을 듣고, 낱말에 든 받침 수만큼 손 들기

  예 달걀(2개), 지우개(0개), 학교(1개)

꽁지 따기 말놀이(4학년)

· 첫 사람이 "사과는 빨개"라고 말합니다. 다음 사람은 "빨가면"으로 말을 시작합니다. "빨가면 딸기." 다음 사람은 "딸기는~"으로 시작합니다.

말 덧붙이기 놀이 "동물원에 가면"

· 첫 사람이 낱말을 말하면 다음 사람이 이어서 "동물원에 가면 ○○도 있고, ○○도 있고" 하는 식으로 이어갑니다.

03

문장쓰기
: 황금 문장 놀이하기

우리말은 주어와 술어로 문장을 만듭니다. 주어는 문장에서 주인공이 누구인지를 말합니다. 술어는 주인공이 무엇을 어찌하는지 설명합니다.

문장은 크게 단문, 중문, 복문으로 나뉩니다. 주어와 술어가 하나만 있는 문장을 단문이라고 합니다. 중문은 단문을 두 개 이은 것인데, 이때 문장은 서로 대등합니다. 복문은 앞 문장이 뒤 문장을 포함합니다. 이를 어려운 말로는 종속된다고 합니다. 중문이 단순한 병렬인 것과는 다릅니다.

1. 단문 = 유진이가 공부한다.
　　　　　주어　　　　술어

2. **중문** = 유진이는 공부하고, 성연이는 잔다.
       주어   술어   주어   술어

3. **복문** = 유진이가 잠들어서 성연이가 공부했다.
       주어   술어 → 주어   술어

대화할 때는 복잡한 문장으로 말해도 듣는 이가 척척 알아 듣습니다. 말을 이해하는 청해력이 글을 읽는 독해력보다 앞서기 때문입니다. 그러나 말할 때처럼 글을 복문으로 쓰면 독자는 이해하기 어렵습니다.

유홍준 교수는 『나의 문화유산답사기』 출간 20주년 기념 강연에서 말했습니다.

"좋은 글이란 쉽고, 짧고, 간단하고, 재미있는 글이다."

글을 쓸 때 단문으로 쭉쭉 치고 나가듯이 쓰면 읽는 사람이 술술 읽어 내릴 수 있습니다.

초등학교 3학년 건율이는 저와 5개월 동안 글쓰기 수업을 했습니다. 글쓰기 수업 첫날 소감을 어떻게 썼는지 볼까요.

김성효 선생님과 글쓰기 수업을 시작했는데 원고지 쓰는 방법과 단어와 단어는 띄운다는 것을 알았고 그리고 조사와 명사는 같이 있어야 되는 것과 글씨는 마름모 모양, 삼각형 모양이어야 한다는 것을 알았다. 글쓰기를 하

'~데, 과, 와, ~고, ~고, 그리고, 과로 이어지다가 마지막은 ~하니까 ~한다'로 끝났습니다. 건율이뿐 아니라 아이들 대부분이 이렇게 문장을 씁니다. 문장 하나가 세 줄까지 이어졌습니다. 독자는 읽기가 힘들지요.

이 글을 고치라고 하면 아이는 무엇을 어떻게 고쳐야 할지 잘 모릅니다. 문장 구조를 배운 다음 스스로 고치게 하는 것이 효과적이죠. 문장 구조를 알면 주어 하나에 술어 하나인 단문으로 짧고 명확한 글을 쓸 수 있습니다. 문장 구조를 쉽게 익힐 수 있는 황금 문장 놀이를 소개합니다.

활동예시 황금 문장 놀이로 문장 구조 익히기

준비물 명함 크기 종이 40장, 유성 매직(빨강, 노랑, 파랑)
황금색 종이 여러 장

1. 종이를 명함 크기로 자릅니다.
2. 카드에 빨간색으로 명사를 씁니다.
    나, 우리, 엄마, 강아지, 친구, 하늘, 소, 잠자리, 학교, 선생님

3. 카드에 파란색으로 술어를 씁니다.

　　(예) 간다, 똑같다, 보았다, 달린다, 피었다

4. 카드에 노란색으로 조사를 씁니다.

　　(예) 은, 는, 이, 가, 을, 를, 에게, 에서, 부터, 까지

5. 짝과 가위바위보를 합니다. 가위로 이기면 빨간 카드를 갖습니다. 주먹으로 이기면 파란 카드를, 보로 이기면 노란 카드를 갖습니다.

6. 뽑은 카드로 문장을 완성할 때마다 10점씩 얻습니다. 이때 카드가 세 장만 있어도 단문을 만들 수 있습니다. 아이들은 단문을 만드는 것이 게임에서 유리하다는 것을 금방 알아차립니다.

　　(예) 엄마(명사 카드) + 가(조사 카드) + 본다(술어 카드)

7. 점수를 100점 모으면 황금 카드를 한 장 얻습니다. 황금 카드에 좋아하는 책에 나오는 문장을 씁니다.

　　(예) "네가 네 시에 온다면 나는 세 시부터 행복할 거야." (『어린 왕자』)

8. 놀이가 끝나면 황금 문장을 함께 읽습니다.

건율이가 문장 구조를 배운 다음 고친 글을 볼까요?

오늘 전북교육청에 갔다. 김성효 선생님을 만났다. 글쓰기 수업을 시작했다. 선생님께서 "공부를 잘하려면 눈, 귀, 마음으로 들어야 해"라고 말씀하셨다. 단어와 단어는 띄어야 한다는 것을 알았다. 글씨와 글자의 차이를 알았다. 글씨는 글씨체와 같이 '글씨가 예쁘다'고 말할 때 쓴다. 수

'~고, ~니까, ~데' 등으로 이어지던 문장을 단문으로 끊었습니다. 단문이 되자 건율이가 하려고 했던 말이 무엇인지 명확해졌습니다. 좋은 글은 주제가 분명하게 드러나서 읽기도 쉽습니다. 아이의 글도 똑같습니다. 짧고 분명하게 써야 합니다.

글쓰기는
시작이 반이다
: 나만의 첫말 쓰기

아이에게 글쓰기가 왜 어려운지 물어보면 대부분 어떻게 시작해야 할지 모르겠다고 합니다. 이때 가장 좋은 방법은 일단 쓰는 것입니다. 잘 쓰려 하지 말고, 멋있게 쓰려 하지 말고, 그냥 쓰는 것입니다. 잘못 쓴 문장은 언제든 고칠 수 있지만 시작을 안 하면 고칠 문장도 없습니다.

글을 시작하는 익숙한 첫말이 있으면 시작이 쉽습니다. 2학년 때까지만 해도 유진이는 글을 "오늘은", "나는"으로 시작하곤 했습니다. "오늘은 엄마와 ~", "나는 학교에서 ~" 같은 식이었습니다. 일기를 쓰라고 하면 휘리릭 쓰고 놀러 나갔습니다. 유진이처럼 시작을 어려워하지 않아야 글쓰기도 쉽게 배웁니다.

'오늘'이나 '나는'을 쓰면 안 된다고 하는 분도 있지만 익숙한 첫말로 시작하고 나중에 고치는 것이 낫습니다. 유진이가 3학년 때 쓴 일기에는 '나는'도 없고 '오늘'도 없습니다. 글쓰기에 익숙해지면 '오늘'이나 '나는' 같은 단어도 자연스럽게 사라집니다.

아직 글쓰기에 자신이 없으면 '나만의 첫말'을 만들게 하세요. 자주 쓰는 첫말 몇 개만 있으면 어떤 글이든 자신 있게 시작할 수 있습니다.

나만의 첫말 카드 만들기

준비물 명함 크기 카드 여러 장, 매직

1. 카드를 준비합니다.
2. 평소 자주 쓰는 '오늘', '나는', '학교에서', '책에서', " " (큰따옴표) 등을 카드에 씁니다.
3. 낱말과 어울리는 글의 종류를 뒷면에 씁니다.

예

앞면		뒷면
오늘	↔	일기
책에서	↔	독후감
학교에서	↔	일기
나는	↔	모든 글
" "	↔	독후감
" "	↔	일기

4. 카드를 뽑아서 카드에 적힌 첫말로 글을 시작합니다. 앞면이 큰따옴표, 뒷면이 독후감인 카드를 뽑은 유진이가 쓴 글을 소개합니다.

제목: 사과가 쿵? 사과가 털썩

임유진

"쿵"(큰따옴표로 시작)

이 소리는 뭘까. 사과가 나무에서 굴러 떨어지는 소리다. 책에서 이 '쿵' 소리를 읽을 때 재미있었다. 사과가 얼마나 크면 쿵 하고 소리가 날까 생각했다.

우리 집에도 사과나무가 한 그루 있다. 우리 집 사과나무는 별로 크지 않다. 사과나무를 가장 좋아하는 사람은 우리 엄마다. 우리 엄마는 사과가 열리면 마당에서 나무에 달린 사과를 그 자리에서 따먹고 맛있다고 좋아하신다.

우리 집에도 동물들이 놀러오면 좋겠다. 나도 책에서 본 것처럼 동물들에게 사과를 나눠줄 거다.

글을 쉽게 시작하는 다섯 가지 전략

전쟁에 전략이 있듯이 글쓰기도 시작을 쉽게 만드는 전략들이 있습니다. 글을 처음 쓰는 초등학생부터 글쓰기를 두려워하는 성인까지 모두에게 쓸모 있는 전략을 소개합니다.

1. 대화로 시작합니다.

"동윤아, 동윤아."

뒤에서 누가 부르는 소리가 들렸다.

2. 날씨나 계절 이야기로 시작합니다.

문을 여니 몹시 뜨거운 바람이 불어왔다. 여름의 한복판이었다.

3. 들은 말을 인용합니다.

"그 집에는 무서운 전설이 하나 전해져 내려오거든. 듣고 싶은 친구들은 반듯하게 앉아보렴."

선생님 이야기에 나도 모르게 가슴이 철렁했다.

4. 의성어나 의태어를 넣어서 풍경을 묘사합니다.

"삐그덕."

낡은 마루 판자에서 나는 소리가 발밑으로 크게 울렸다. 오래된 집이었다.

글을 시작하는 이런 전략들을 연습해 두면 무슨 글이든 주저하지 않고 시작할 수 있습니다. 제가 자주 쓰는 첫 문장은 "오래전 일이다"입니다. 긴 글이든 짧은 글이든 일단 "오래전 일이다"로 시작합니다. 첫 문장은 똑같지만 글을 쓰다가 좋은 말이 떠오르면 앞으로 돌아가서 첫 문장을 다시 씁니다.

05

문장 늘리기로
문장 호응 익히기

글을 쓸 때 초등학생은 물론이고 성인도 문장 호응을 자주 틀립니다. 글은 주어와 술어 호응만 바로잡아도 품격이 높아집니다. 문장 늘리기는 문장 호응을 익히고 기본 문장을 바르게 쓰는 것을 익히는 데 좋은 방법입니다. 저도 대학 때 공주교육대학교 최명환 교수님께 같은 방법으로 문장 쓰기를 배웠습니다. 단문과 문장 호응을 익히는 최고의 방법이니, 아이와 함께 해보세요.

1. 단문을 씁니다.

나는 간다.

2. 꾸미는 말을 넣어서 문장을 최대한 늘리되, 서술어만 꾸
밉니다.

나는 간다.

나는 집에 간다

나는 오늘도 집에 간다.

나는 오늘도 집에 간다.

나는 오늘도 집에 늦게 간다.

나는 오늘도 집에 최대한 늦게 간다.

나는 오늘도 집에 가기 싫어서 최대한 늦게 간다.

나는 오늘도 집에 가기 싫어서 최대한 꾸물대면서 늦게 간다.

나는 오늘도 집에 가기 싫어서 최대한 꾸물대면서 늦게
늦게 간다.

3. 주어를 꾸미는 말을 넣어서 문장을 최대한 늘립니다.

나는 간다.

혼난 나는 간다.

엄마에게 혼난 나는 간다.

엄마에게 아침부터 혼난 나는 간다.

엄마에게 아침부터 호되게 혼난 나는 간다.

엄마에게 이른 아침부터 호되게 혼난 나는 간다.

바쁜 엄마에게 이른 아침부터 무지하게 호되게 혼난 나
는 간다.
바쁜 엄마에게 이른 월요일 아침부터 무지하게 호되게
혼난 나는 학교에 간다.

4. 꾸미는 말을 지우면 처음 문장만 남습니다.
나는 ~~오늘도~~ 집에 가가 싫어서 최대한 꾸물대면서 늦게
늦게 간다.
~~바쁜 엄마에게 이른 월요일 아침부터 무지하게 호되게~~
혼난 나는 ~~터덜터덜~~ 학교에 간다.

문장 호응은 꾸미는 말을 모두 지우고 주어와 술어만 남겼
을 때도 바른 문장이 되는 것을 말합니다. 문법에 맞지 않는 글
은 대부분 문장에서 주어를 생략한 채 술어를 여러 개 쓴 경우
입니다. 이때도 술어만 남기고 꾸미는 말을 지우면 어떤 부분이
잘못됐는지 알 수 있습니다.

유진이 일기입니다. 이 글에서 "백제금동대향로라는 ~ 그냥 향로다"는 비문(非文)입니다. 체험학습에서 들은 이야기나 분명히 문화 해설사나 선생님이 유진이에게 백제금동대향로 이름의 유래를 들려주었을 겁니다. 먼저 유진이가 생략한 주어를 쓰고, 술어를 보충해 보겠습니다.

(선생님은) 백제금동대향로라는 향로 이름은 맨 앞에 백제는 어느 시대 때 만들었는지고, 두 번째 금동은 무슨 재료로 만들었는지고, 세 번째 향로는 그냥 향로(를 뜻한다)라고 했다.

이번에는 원문을 그대로 살리고 주어만 바꿔보겠습니다.

원문을 최대한 살렸습니다. 이만큼만 고쳐도 유진이가 하려는 말이 무엇인지 알 수 있습니다. 이 글을 주어 하나에 술어 하나인 단문으로 쪼개보겠습니다.

유진이는 '백제금동대향로'라는 이름이 시대, 재료, 향로라는 세 가지에서 왔다는 것을 설명하고 싶었습니다. 많은 내용을 한 문장에 담으려다가 비문이 되었습니다. 대화할 때는 비문으로 말해도 듣는 사람이 이해하지만 글은 다릅니다. 주어와 술어를 분명하게 쓰는 게 좋습니다. 글을 읽을 때 주어와 술어를 찾는 연습을 한 주에 한 번씩만 해도 문장을 정확하게 보는 눈이 길러집니다.

06

문장 늘리기로
묘사 배우기

문장 늘리기가 익숙해지면 다음은 묘사입니다. 단순한 그림이 있는 사진을 보여줍니다. 처음에는 그림이 단순할수록 좋습니다.

1. 먼저 뼈대가 될 문장을 단문으로 씁니다.

새가 있다.

2. 술어를 꾸며서 문장을 늘립니다.

새가 앉아 있다.

새가 나무에 앉아 있다.

새가 나무에 앉아 생각하고 있다.

새가 나무에 혼자 앉아 생각하고 있다.

새가 나무에 혼자 앉아 가만히 생각하고 있다.

새가 나무에 혼자 앉아 가만히 어딘가를 바라보며 생각하
고 있다.

3. 주어를 꾸며서 문장을 늘립니다.

새가 있다.

노란 새가 있다.

노란 깃털을 한 새가 있다.

노란 깃털에 검정 부리를 한 새가 있다.

샛노란 깃털에 검정 부리를 한 작은 새가 있다.

샛노란 깃털에 검정 부리를 한 작고 귀여운 새가 있다.

눈부시게 샛노란 깃털에 검정 부리를 한 작고 귀여운 새
가 있다.

4. 두 문장을 이어서 최대한 길게 늘립니다.

눈부시게 샛노란 깃털에 검정 부리를 한 작고 귀여운 새가 나무에 혼자 앉아 가만히 어딘가를 바라보며 생각하고 있다.

인물이 나온 사진을 보고 같은 방식으로 문장을 늘립니다. 다음은 유진이 사진을 보고 초등학교 3학년 건율이가 한 문장 늘리기입니다.

1. 기본 문장을 씁니다.
여자아이가 있다.

2. 술어를 꾸밉니다.
여자아이가 서 있다.
여자아이가 풀밭에 서 있다.
여자아이가 푸른 풀밭에 웃으며 서 있다.
여자아이가 푸른 풀밭에 활짝 웃으며 서 있다.
여자아이가 푸른 풀밭에서 앞을 보고 활짝 웃으며 서 있다.
여자아이가 푸른 풀밭에서 팔을 올리고 앞을 보면서 활짝 웃으며 서 있다.

3. 주어를 꾸밉니다.

어깨까지 오는 머리 길이의 여자아이가 있다.

머리띠를 하고 어깨까지 오는 머리 길이의 여자아이가 서 있다.

4. 늘린 문장을 이어갑니다.

머리띠를 하고 어깨까지 오는 머리 길이의 여자아이가 어깨에 핸드백을 메고 흰 레이스 치마를 입은 채 푸른 풀밭에서 팔을 올리고 앞을 보면서 활짝 웃으며 서 있다.

5. 단문으로 나누고 시간적·공간적 배경을 덧붙입니다.

오후여서 햇살이 밝다. (시간적 배경 추가) 여자아이는 푸른 풀밭에서 팔을 올리고 서 있다. (공간적 배경 추가) 아이는 머리띠를 했다. 머리 길이는 어깨까지 온다. 어깨에는 핸드백을 메고 있다. 흰 레이스 치마를 입었다. 앞을 보면서 활짝 웃으며 서 있다.

6. 의성어나 의태어를 넣어서 강조합니다.

오후여서 햇살이 **반짝반짝** 밝다. (의태어 추가) 여자 아이는 푸른 풀밭에서 팔을 올리고 서 있다. 아이는 머리띠를 했

묘사는 글로 그림을 그리는 것입니다. 묘사한 글을 읽고 독자의 머리에 그 그림이 그대로 떠올라야 합니다. 문장 늘리기로 묘사한 다음 원래 사진과 비교해 보면 빠진 것이 무엇인지 알 수 있습니다.

독자는 글쓴이가 묘사하는 대로 이미지를 떠올립니다. 머리카락을 묘사했다가 손을 묘사했다가 하는 것보다 머리카락, 이마, 눈, 코, 입처럼 시선을 따라가며 써야 독자가 글로 묘사된 이미지를 안정적으로 떠올립니다.

1. 위에서부터 아래로 또는 아래에서 위로 쓰기

2. 왼쪽에서 오른쪽으로 또는 오른쪽에서 왼쪽으로 쓰기

3. 큰 것에서 작은 것으로 쓰기

4. 바깥에서 안으로 또는 안에서 바깥으로 쓰기

이번에는 초등학교 4학년 동운이가 쓴 글입니다.

동운이는 장난치는 것을 좋아하는 평범한 초등학생입니다.

묘사하기를 단단히 연습하고 글을 다듬으면 초등학생에게서도 이렇게 감성적인 글이 나옵니다.

92

동운이, 건율이, 은율이 모두 문장 늘리기를 쉽게 배웠습니다. 아이들은 줄줄이 늘려 쓰는 걸 무척 재미있어했습니다. 다만 길게 늘려 쓴 문장을 단문으로 나누었다가 다시 꾸미는 말을 넣어서 다듬는 것은 어렵다고 말했습니다.

처음에는 이런 과정이 다소 귀찮게 여겨질지 모르지만 제대로 익히면 글을 쓸수록 묘사하는 실력도 빠르게 늡니다.

비유는 '□는 □다'로
배우자

"봄날의 곰처럼 사랑해."

작가 무라카미 하루키가 『상실의 시대』에서 쓴 문장입니다. 제가 알기로는 봄날의 곰처럼 사랑한다는 말은 하루키 이전에도 이후에도 없었습니다. 무라카미 하루키는 사랑한다는 추상적인 감정을 봄날의 곰이라는 이미지로 만들었습니다.

"책은 도끼다"는 카피라이터 박웅현이 쓴 책 제목입니다. 책이 도끼라니, 참으로 낯설지만 책은 삶을 바꾸는 강력한 도구가 맞습니다. 이 문장을 읽는 독자는 머리에 도끼를 떠올립니다. 독서라는 추상적인 행위가 도끼라는 사물로 구체화될 때 독자는 글쓴이가 의도하는 대로 글에 빠져듭니다.

이런 독특하고 좋은 표현은 꾸준히 연습해야 나옵니다. 무

라카미 하루키는 노벨 문학상 후보로 손꼽히는 작가이고 박웅
현은 대한민국 최고의 광고인입니다. 그들도 이런 표현을 하기
까지 수없이 많은 문장을 쓰고 지우면서 연습했습니다.

앞에서 살펴본 묘사가 글로 그림을 그리는 것이라면 비유는
'A는 B이다' 또는 'A는 B처럼'입니다. 이 연결은 익숙하고 잘 아
는 것일수록 재미없습니다. '사랑은 달콤하다', '책은 마음의 양
식이다'는 누구나 다 아는 말입니다. 진부하지요.

누구나 아는 표현	새로운 표현
독서는 마음의 양식이다 독서 = 마음의 양식	책은 도끼다 책 = 도끼 = 강력한 무기
사랑은 달콤하다 사랑 = 달콤한 것	독서는 500원이다 독서 = 500원

"독서는 500원이다"는 제가 가르쳤던 2학년 학생이 쓴 말입
니다. 책을 읽을 때마다 아빠가 500원씩 준다고 하더군요. 독서
를 돈에 비유할 수 있냐는 문제를 떠나 제가 가르친 수많은 초
등학생 가운데 독서가 500원이라고 한 아이는 이 아이뿐이었
습니다.

"얼음 동굴은 엄청 캄캄했다."

건율이가 유럽에 다녀와서 쓴 기행문에 나오는 문장입니다.
캄캄하다는 말도 추상적이지만 엄청도 추상적인 말입니다. 추

상과 추상을 이으면 독자는 머리에 이미지가 안 떠오릅니다. 독자가 시각적으로 떠올릴 수 있는 구체적인 이미지를 제시해야 합니다. 봄날의 곰처럼 사랑한다, 도끼처럼 삶을 바꾼다 이렇게 말입니다.

저는 학생들에게 일주일에 한 번씩 '□는 □이다' 일기를 쓰게 했습니다. 재미있고 다양한 아이디어가 참 많이 나왔습니다. 교사에게 비유를 가르쳤을 때는 쓸 말이 없다는 이야기를 많이 들었지만 아이들에게선 아이디어가 쏟아져 나왔습니다. 비유야말로 초등학생이 가장 잘할 수 있는 글쓰기 훈련법입니다.

활동 예시 '□는 □다' 놀이하기

준비물 명함 크기 종이 여러 장, 매직

1. 명함 크기의 종이를 준비합니다.
2. 엄마와 종이를 나눠 갖습니다.
3. 종이에 좋아하는 사물이나 동물의 이름을 씁니다.

   예 바람, 하늘, 수선화, 책상, 발바닥, 독서, 도끼, 천국, 고향

4. 먼저 엄마가 카드를 한 장 뽑아서 앞 □를 채웁니다.
5. 아이가 다음 카드를 뽑아서 뒤의 □를 채웁니다.

   예 엄마가 뽑은 카드: 발바닥

   아이가 뽑은 카드: 천국

   → 발바닥은 천국이다.

6. 이유를 말로 설명해 보게 합니다.

　　예 발바닥은 천국이다. 왜냐하면 발바닥을 쉬게 하면 몸도 마음도 편해지기 때문이다.

7. 만든 문장을 글로 써봅니다.

8. 역할을 바꿉니다.

일주일에 한 번씩 비유를 연습해서 아이디어를 쏟아냈던 저희 반 아이들과 달리 은율이, 동운이, 건율이 모두 '□는 □이다'를 어려워했습니다. 처음 내준 주제가 '학교는 □이다'였는데 세 아이 모두 어떻게 써야 할지 모르겠다고 입을 모았습니다. 이렇게 비유를 처음 연습하는 아이들에게는 선생님, 친구, 학교처럼 이미지가 굳어진 대상보다 체육 수업, 동굴, 구름처럼 아이들이 평소 깊이 생각해 보지 않은 주제가 좋습니다.

은율이는 주제를 '체육 수업은 □다'로 바꿨습니다. 학교를 주제로 할 때보다 쉽게 썼습니다.

체육 수업은 □다

서은율(6학년)

체육 수업은 아침부터 가슴을 쿵쾅거리게 한다. 마치 밤새 하얀 눈이 소복히 쌓인 놀이터에서 친구들과 눈사람을 빨리 만들고 싶은 것처럼 체육 시간이 기대된다.

동운이는 전에 썼던 글에 비유를 넣어서 한 문단만 고쳐 쓰게 했습니다. 동운이가 처음 썼던 글과 비유를 넣어서 고친 글이 어떻게 다른지 볼까요.

처음 글	고친 글
"우리 동운이는 만들기를 잘하네. 나중에 건축가가 되려나?" 나는 그 말을 듣고 기분이 **엄청** 좋았다.	"우리 동운이는 만들기를 잘하네. 나중에 건축가가 되려나?" 그 말을 듣고 **금방이라도 마트에 있는 건담 프라모델을 모조리 다 조립할 수 있을 것 같은** 기분이 들었다.

아이들 대부분이 동운이의 처음 글처럼 '기분이 엄청 좋았다'고 씁니다. 저는 동운이에게 그때 기분이 얼마나 좋았는지 말해 보게 했습니다. 동운이는 '좋아하는 프라모델을 모두 조립할 수 있을 것처럼 좋았다'고 했습니다.

말한 그대로 고치게 했습니다. 동운이처럼 생각은 있는데 어떻게 글로 쓸지 모르는 경우는 말로 먼저 해보고 글로 쓰는 게 쉽습니다.

비유는 한 부분을 강조하기 위한 장치입니다. 모든 글에 비유를 넣지 않아도 됩니다. 동운이처럼 비유를 넣어서 특정 부분을 강조해서 고치거나 은율이처럼 평소 깊이 생각해 보지 않은 주제를 '□는 □다'로 써보게 하는 정도가 좋습니다.

사회 교과를 싫어하는 아이를 위한 창의적인 글쓰기

1. "만약 ~했다면 어땠을까?" 축 사고 기법 글쓰기

창의적 사고 기법 가운데 '만약 ~했더라면 ~했을 텐데'라고 가정해 보는 축 사고 기법이 있습니다. 축 사고 기법은 역사를 공부할 때 아주 유용합니다. 저는 사회 수업 시간에 축 사고로 마무리해 보는 활동을 학생들과 자주 했습니다. 학생들은 축 사고가 더 깊이 생각하고 더 많이 찾아서 공부하는 계기가 되었다고 이야기했습니다. 이 내용을 글로 쓰게 하면 좋습니다.

① 공간축 바꾸기

역사적 사건이 일어난 장소를 바꿔봅니다.

> 예 팔만대장경이 내가 사는 전주에서 만들어졌다면 어땠을까?

② 시간축 바꾸기

역사적 사건이 일어난 시간대를 바꿔봅니다.

> 예 구석기인이 지금 대한민국 땅에 움집을 짓는다면?

③ 인물축 바꾸기

역사적 사건에서 인물을 바꿔봅니다.

> 예 내가 고려청자를 만든다면?

2. '□는 □다' 비유를 활용한 글쓰기

역사적 사건을 배우고 난 다음은 글로 이 내용을 스스로 정리하게 하세요. '□는 □다'를 이용하면 창의적이고 다양한 생각을 표현할 수 있습니다.

> 예 삼별초는 □다.
>
> 삼별초는 고려인의 자존심이다. 왜냐하면 고려가 위기를 맞았을 때 삼별초만 끝까지 굴하지 않고 저항했기 때문이다.

4장

글쓰기를 싫어하는 아이를 위한 쉬운 글쓰기

'글쓰기 삼총사'와
함께하는 저학년 글쓰기

글은 본 대로, 들은 대로, 느낀 대로만 써도 생생합니다. 어렵지 않습니다. 글쓰기 삼총사인 따옴표, 의성어, 의태어만 기억하면 됩니다. 글쓰기 삼총사와 함께라면 저학년 아이도 얼마든지 쉽고 재미있게 글을 쓸 수 있습니다.

〈가〉 사람 사는 것은 풀잎의 이슬 같다. 천년만년 살 것같이 기틀을 다지고 집을 짓지만, 많아야 칠십 평생이다. 믿을 것이 없다.

〈나〉 "사람 사는 기이 풀잎의 이슬이고 천년만년 살 것같이 기틀을 다지고 집을 짓지마는 많아야 칠십 평생 아니가. 믿을 기이 어디 있노."

박경리 작가의 『토지』 속 한 구절입니다. 〈가〉는 평서문이고, 〈나〉는 사투리를 살린 대화문입니다. 같은 내용이어도 〈나〉 문장이 훨씬 생생합니다. 이게 바로 따옴표가 부리는 마법입니다.

저는 학생들이 처음 글쓰기를 시작할 때 큰따옴표 두 개에 작은따옴표 한 개 쓰기를 약속으로 정했습니다. 이 약속만 잘 지켜도 현장감 있는 생생한 글이 됩니다.

유진이가 2학년 때 쓴 일기입니다. 유진이에게 큰따옴표와 작은따옴표를 넣어서 고치게 했습니다.

처음 글

오늘 언니를 승마장에서 데려오는 길에 벚꽃나무가 엄청 많이 핀 걸 보고 엄마가 사진 찍으면 좋겠다고 했다. 그래서 언니와 차에서 내려서 같이 사진을 찍기로 했다. 엄마와 나와 언니는 차에서 내려서 사진을 찍었다. 바람이 불어서 벚꽃이 떨어져 내리는데 꽃잎을 손으로 잡으면 첫사랑이 이루어진다고 언니가 말해서 언니와 벚꽃을 손으로 잡으러 뛰어다녔다.

오늘 언니를 승마장에서 데려오는 길에 벚꽃나무가 엄청 많이 핀 걸 보고 엄마가 이렇게 말했다.

"우와, 우리 여기에서 같이 사진 찍고 갈까?"

나와 언니는 엄마 말에 찬성했다. 차에서 내려서 엄마가 말했다.

"현아! 거기에 좀 서봐."

언니는 엄마가 가리키는 곳에 섰다. 바람이 불어서 꽃잎이 떨어져 내렸다.

"꽃잎을 손으로 잡으면 사랑이 이루어진대."

언니 말을 듣고 나도 꽃잎을 잡으러 뛰어다녔다.

따옴표를 쓰면 특별한 기교를 부리지 않아도 글이 생생해집니다. 게다가 글 분량도 늘어납니다. 따옴표는 짧은 글도 길게 만들어주는 꿀팁이죠.

작은따옴표는 생각한 것이나 다른 사람에게 들은 말을 옮길 때 씁니다. 글쓴이는 작은따옴표로 의견이나 생각을 독자에게 더 정확하게 전달할 수 있죠. 유진이가 같은 글에 작은따옴표까지 넣어서 완성했습니다.

오늘 언니를 승마장에서 데려오는 길에 벚꽃이 많이 핀 걸 보았다.

'벚꽃이 많이 피었네.'

속으로 생각했다. 엄마도 벚꽃을 보고는 이렇게 말했다.

"우와, 우리 여기에서 같이 사진 찍고 갈까?"

나와 언니는 찬성했다. 차에서 내려서 엄마가 언니한테 말했다.

"현아! 거기에 좀 서봐."

언니는 엄마가 가리키는 곳에 섰다. 그때였다. 바람이 불어서 꽃잎이 떨어져 내렸다.

"꽃잎을 손으로 잡으면 사랑이 이루어진대."

언니 말을 듣고 나도 꽃잎을 잡으러 뛰어다녔다.

의성어와 의태어는 글을 맛깔나게 하는 양념과 같습니다. 본 대로 들은 대로 쓰는 글쓰기에서 꼭 필요한 것이기도 합니다. 의성어와 의태어를 하나씩만 넣어도 글에 생기가 돕니다. 카드놀이로 의성어, 의태어와 친해지게 하세요.

의성어와 의태어 놀이하기

준비물 명함 크기 종이 80장, 파란색 매직, 빨간색 매직

1. 빨간 펜으로 카드에 의성어를 씁니다. (20장)

   (예) 딸랑딸랑, 짤랑짤랑, 찰랑찰랑, 뿡뿡, 폭폭

2. 파란 펜으로 카드에 의태어를 씁니다. (20장)

   (예) 산들산들, 건들건들, 살랑살랑

3. 의성어에 어울리는 문장을 빨간 펜으로 씁니다. (20장)

   (예) 종이 울렸다. 주머니에서 동전 소리가 났다. 기차가 달렸다.

4. 의태어에 어울리는 문장을 파란 펜으로 씁니다. (20장)

   (예) 바람이 분다. 오빠가 걷는다. 치마가 흔들린다.

5. 카드를 모두 뒤집어 놓습니다.

6. 가위바위보를 해서 이긴 사람이 먼저 뒤집어 놓은 카드 가운데 세 장을 고릅니다. 진 사람도 이어서 카드를 세 장 고릅니다.

7. 가위바위보를 해서 이긴 사람이 뒤집어 놓은 카드 가운데 한 장을 뽑습니다. 내가 가진 카드와 어울리는 문장을 뽑으면 카드를 갖습니다. 어울리지 않는 문장을 뽑으면 다시 뒤집어 놓습니다.

   (예) 산들산들 – 바람이 불었다. (어울리는 문장이므로 카드 갖기)

   뱃고동 소리가 났다. (다시 뒤집어 놓기)

8. 만든 문장을 함께 읽어봅니다.

9. 카드를 많이 갖는 사람이 놀이에서 이깁니다.

02

있었던 일만 나열하는
일기는 이제 그만

꾸준히 쓰면 글은 늡니다. 제대로만 쓴다면 일기보다 더 좋은 글쓰기 연습도 없습니다. 부모님이 글쓰기 교육에 관심이 많았던 덕에 건율이는 하루도 빠짐없이 일기를 썼습니다.

〈가〉 기분 좋은 날

2월 서건율(3학년)

아침 맛있게 먹고 바이올린을 갔다. 열심히 연습을 해서 드디어! 진도를 나갔다. 기분이 좋았다. 피아노에서도 잘 풀렸다. 아이스크림을 먹었다. 기분 좋은 하루였다.

7월 서건율(3학년)

토요일에 결혼식장에서 뷔페와 스테이크를 먹고 덕진 공원에 간다. 커다란 다리가 있는데 연꽃이 피어 있어서 예뻣다. 다리에 가니까 천둥오리가 떼지어 다니고 있어서 신기했다. 더 신기한 거 천둥오리가 부스터처럼 퓽퓽 빠르게 가고 자라도 엄청 많아서 신기했다.

둘 다 이러이러한 일이 있었다고 적었습니다. 나중에 쓴 〈나〉 글이 오히려 맞춤법과 띄어쓰기가 더 많이 틀렸습니다. 일기를 기록으로 본다면 건율이처럼 있었던 일만 잘 써도 됩니다. 그렇지만 일기를 쓰면서 글이 늘기를 기대한다면 일주일에 한 편을 제대로 쓰는 게 낫습니다.

일기로 글쓰기 연습을 한다면 시간 중심이 아니라 사건 중심으로 방식을 바꾸어야 합니다. 예를 들어 〈가〉는 밥 먹기, 바이올린 학원 가기, 피아노 학원 가기, 아이스크림 먹기를 나열했습니다. 〈가〉는 기록으로 본다면 나무랄 데가 없습니다. 있었던 일을 다 썼으니까요. 그러나 글로 본다면 이보다는 글감을 하나만 골라서 쓰는 식으로 지도하는 게 좋습니다.

> **엄마** 오늘 하루 가운데 가장 기억에 남은 한 가지 사건을 말
> 해 볼래?
>
> **지수** 바이올린 학원에서 진도 나간 거요.
>
> **엄마** 진도를 어떻게 나갔는지 자세하게 설명해 볼까?
>
> **지수** 「스즈키 바이올린 교본」 2권 40번에서 41번으로 넘어
> 갔어요.
>
> **엄마** 그렇구나. 40번에서 41번으로 넘어간다고 했을 때 어
> 떤 기분이었니?
>
> **지수** 그냥 기분이 좋았어요.
>
> **엄마** 그때랑 비슷한 기분을 언제 느꼈는지 말해 볼까? 선생
> 님이 뭐라고 말씀하셨는지 그대로 말해 보렴. 이제 엄
> 마랑 이야기한 내용을 쭉 이어서 일기에 써볼까?

이렇게 특정 사건을 꼭 집어서 자세하게 쓰게 하세요. 아이
에게 무턱대고 자세하게 쓰라고 말하면 더 어렵습니다. 들었던
말, 나눈 대화, 무슨 생각을 했는지, 어떤 기분이었는지, 비슷한
감정을 언제 또 느꼈는지 등을 쓰라고 얘기해 주세요. 특정 사
건 하나에만 집중하면 주제와 관련 없는 군더더기가 자연스럽

게 빠져나갑니다.

〈가〉와 〈나〉처럼 시간 흐름에 따라 모든 사건을 나열하면 글의 초점이 흐려집니다. 반면 한 가지 사건에만 집중하게 하면 그 이야기를 하기 위해 여러 가지 대화, 감정, 생각, 보고 들은 것, 사실과 의견 등을 끌어오게 됩니다.

처음에는 아이가 말하고 부모님이 받아쓰는 게 좋습니다. 글을 쓴다는 것 자체가 아이에게는 팔이 아프고 힘든 일입니다. 글씨를 대신 써주는 것만으로도 한결 글쓰기에 대한 부담이 줄어듭니다.

글은 몇 번이고 다듬어야 완성됩니다. 한 번에 뚝딱 쓰고 끝나는 게 아니라 몇 번이고 고쳐야 일기도 좋은 글로 거듭납니다. 그러려면 밤늦게 졸린 채 일기를 쓰는 것보다는 집에 오자마자 쓰고, 다 쓴 다음 읽어보면서 고치는 것이 좋겠지요.

03

괴테와 앤서니 브라운처럼 이야기로 놀기

세계적인 대문호 요한 볼프강 폰 괴테를 아시나요? 괴테는 스물 셋에 『젊은 베르테르의 슬픔』을 썼고, 스물 넷에 『파우스트』를 썼습니다. 영국 과학 전문지 《네이처》는 인류 역사를 바꾼 세계의 천재 열 명을 선정해 발표한 적이 있는데, 괴테가 이 가운데 한 명입니다.

괴테의 아버지는 돈이 넉넉한 평민이었고, 어머니는 프랑크푸르트 시장을 지낸 유서 깊은 집안의 딸이었습니다. 괴테의 아버지는 넉넉한 경제력으로 집안을 멋지게 꾸몄고 괴테를 위해 가정 교사를 두고 어릴 때부터 수학, 문학, 예술, 프랑스어, 라틴어, 그리스어, 히브리어, 첼로, 그림, 피아노, 비평과 독서를 가르쳤습니다.

특히 괴테에게 큰 영향을 미쳤던 괴테의 어머니는 우리도 잘 아는 방법으로 괴테를 교육했습니다. 이른바 베갯머리 교육, '베드사이드 스토리(bedside story)'라고도 하는 교육법입니다.

괴테의 어머니는 밤마다 괴테에게 전래동화를 한 편씩 들려주었습니다.

이때 끝 부분을 일부러 들려주지 않고 다음 이야기를 괴테가 직접 완성해 보게 했다고 합니다. 한창 재미있는 부분에서 이야기를 멈추고 아이가 결말을 말하게 한 겁니다.

이 이야기는 어떻게 끝날 것 같니?
이제 주인공은 어떻게 될까?
나쁜 일을 한 사람은 이제 어떤 일을 겪게 될까?
만약 네가 작가가 된다면 다음 이야기를 어떻게 쓰고 싶니?

이렇게 꾸준히 결말을 상상하는 일을 하다 보면 아이가 만들어내는 결론도 다양해집니다. 여러 버전의 뒷이야기를 지어 보고 마음에 드는 이야기는 글로 써보게 하세요.

유명한 그림책 작가 앤서니 브라운은 어릴 때 한 살 많은 형과 '셰이프 게임(shape game)'을 자주 했다고 합니다. 셰이프 게임은 먼저 종이에 아무 의미 없는 모양을 그리고 다음 사람이 이어서 그림을 완성해 가는 게임입니다. 셰이프 게임을 글쓰기로 응용해 보세요. 아직 이야기 상상하기가 익숙하지 않은 저학년 아이도 재미있게 이야기를 만들어갈 수 있습니다.

셰이프 게임 글쓰기

1. 잘 아는 그림책에 나오는 단어를 하나 고릅니다.

   예 고릴라, 그림책, 뭉게구름, 알사탕

2. 고른 단어로 문장을 만듭니다.

   예 고릴라가 뛰어옵니다.

3. 이어서 다음 문장을 씁니다.

   예 고릴라가 뛰어옵니다. 깜짝 놀라서 나무 뒤로 숨었습니다.

4. 다음 문장을 잇습니다. 의성어를 넣습니다.

   예 고릴라가 뛰어옵니다. 깜짝 놀라서 나무 뒤로 숨었습니다. 그때 갑자기 머리 위에서 바스락 소리가 났습니다.

5. 다음 문장을 잇습니다. 문장에 어울리는 의태어를 넣습니다.

   예 고릴라가 뛰어옵니다. 깜짝 놀라서 나무 뒤로 숨었습니다. 그때 갑자기 머리 위에서 바스락 소리가 났습니다. 나뭇잎이 우수수 떨어져 내렸습니다.

6. 문장을 이어서 씁니다. 대화하는 말을 넣습니다.

   예 고릴라가 뛰어옵니다. 깜짝 놀라서 나무 뒤로 숨었습니다. 그때 갑자기 머리 위에서 바스락 소리가 났습니다. 나뭇잎이 우수수 떨어져 내렸습니다.
   "여기서 뭐 하니?"

고릴라였습니다.

7. 대화하는 말을 넣어서 이야기를 완성합니다.

> 예 고릴라가 뛰어옵니다. 깜짝 놀라서 나무 뒤로 숨었습니다. 그때 갑자기 머리 위에서 바스락 소리가 났습니다. 나뭇잎이 우수수 떨어져 내렸습니다.
>
> "여기서 뭐 하니?"
>
> 고릴라였습니다.
>
> "너를 보고 깜짝 놀라서 숨었어."
>
> 내가 말했습니다.
>
> "그럼 우리 숨바꼭질할까?"
>
> 고릴라하고 숲에서 신나게 숨바꼭질을 하면서 놀았습니다.

8. 문장에 어울리는 그림을 한 컷씩 그리면 '나만의 그림책'이 됩니다. 그림 그리는 것이 어려우면 원하는 캐릭터나 그림을 인쇄해서 붙여도 됩니다.

9. 그림책을 완성한 다음 함께 읽어봅니다.

카드 놀이로 배우는
꾸미는 말

빠른 기차, 밝은 빛, 지독한 냄새.

명사는 이렇게 보통 꾸며주는 말인 형용사와 함께 씁니다.

꾸미는 말인 형용사를 어떻게 쓰느냐에 따라 글의 분위기도 달라집니다. 아이의 어휘력을 늘리기에 형용사만큼 중요한 것도 없습니다. 형용사를 많이 알수록 문장에도 자유롭게 응용할 수 있겠지요. 꾸미는 말은 놀이처럼 가르칠 수 있습니다.

 **활동 예시 꾸미는 말 놀이하기**

준비물 종이 3장, 여러 색 사인펜

1. 첫 번째 종이에 빨간 상자를 크게 그립니다.

2. 두 번째 종이에 파란 상자를 크게 그립니다.

3. 상자에 꾸미는 말을 쓰되, 좋아하는 낱말은 파란색으로 씁니다. 싫어
하는 낱말은 빨간색으로 씁니다.

⑩ **파란색 낱말**: 멋진, 빠른, 아름다운, 예쁜, 훌륭한, 편안한

빨간색 낱말: 추한, 지독한, 고약한, 나쁜, 괘씸한, 불편한

4. 세 번째 종이에 다양한 사물이나 대상을 씁니다.

⑩ 자동차, 책, 학교, 빵, 미미 인형, 뽀로로, 소파, 방귀, 항아리

5. 엄마가 낱말을 하나 고릅니다. 아이가 어울리는 단어를 골라서 공책에
씁니다. 문장으로도 만들어보게 합니다.

⑩ **엄마**: 멋진　　　　**아이**: 자동차

만든 문장: 멋진 자동차 → 자동차가 멋집니다.

엄마: 아름다운　　　**아이**: 미미 인형

만든 문장: 아름다운 미미 인형 → 미미 인형이 아름답습니다.

6. 엉뚱하게 만들어보기

엄마가 꾸미는 말을 고르면 아이가 낱말을 아무렇게나 고릅니다. 마찬
가지로 문장으로도 만들어봅니다.

⑩ 훌륭한 뽀로로, 편안한 빵, 괘씸한 자동차

뽀로로는 훌륭하다. 빵이 편안하다. 자동차가 괘씸하다.

7. 느낀 점을 말해 봅니다.

⑩ 잘 어울리는 꾸미는 말이 있다는 걸 알게 됐다.

　　처음엔 엄마와 놀이하고 익숙해지면 아이 혼자 '꾸미는 말
만 50개 이상 찾아보기', '50개 짝지어서 문장으로 만들어보기'
처럼 다양한 놀이로 응용해 보세요. 아이들의 꾸미는 말이 눈에
띄게 다양해진답니다.

아이의 글을 모으는 건
아이 글을 존중한다는 뜻

"엄마, 밤이 눈물을 흘리면 별똥별이 되는 거야?"

"응? 누가 그래?"

"누가 알려준 게 아니라 내 생각이야. 전에 봤는데 별똥별이 하늘에서 눈물처럼 흐르더라."

그 말에 놀라서 유진이를 한참을 보았습니다. 하늘에서 별똥별이 눈물처럼 흐른다는 유진이 표현이 참 멋졌습니다. 부모라면 누구나 아이가 무심코 던진 말이 너무 그럴듯하게 멋져서 깜짝 놀랄 때가 있을 겁니다.

저는 아이를 키우면서 아이들이 하는 말에 자주 놀랐습니다. 어쩜 저렇게 창의적이고 재미있는 생각을 할까 감동할 때도 있었습니다. 어른은 쥐어짜내도 안 나올 말을 너무나 쉽게 툭툭

던집니다.

그런데 안타깝게도 언제부터인가 더는 그런 재미있는 말이 아이 입에서 나오지 않습니다. 초등학교 5, 6학년만 돼도 밤이 눈물을 흘리면 별똥별이 된다는 식으로 말하지 않습니다.

아이에게는 딱 그 나이 때만 나오는 문장이 있습니다. 아이가 자라면서 지식이 쌓이면 그만큼 생각도 점점 틀을 갖춥니다. 어릴 때는 크리스마스에 산타클로스가 선물을 주러 온다고 생각하지만 조금 자라면 산타클로스가 없다고 말하는 것과 똑같습니다. 이런 과정을 십여 년 지켜보니 아이가 하는 말과 글을 그대로 보관만 잘해도 귀하겠구나 싶습니다.

아이의 *끄적거리는* 낙서 하나도 버리지 마세요. 꾸준히 모으면 작품집이 됩니다. 아이 글이 어떻게 발전하는지, 생각이 어떻게 자라는지도 볼 수 있습니다. 아이가 아직 글을 잘 못 쓴다면 엄마가 받아써도 괜찮습니다. 날짜와 문장만 기록해도 됩니다.

아이의 글을 모은다는 것은 다른 말로는 아이의 글을 존중한다는 뜻입니다. 아이가 글을 잘 써서 존중하는 게 아니라 아이 글이어서 존중하는 것입니다. 저는 이렇게 아이 글을 귀하게 여기는 마음이 진짜 글쓰기 교육이라고 생각합니다.

낙서하듯 *끄적거리던* 글자가 문장이 되고, 어설픈 문장이 좋은 글이 됩니다. 누구나 그런 과정을 거쳐서 글이 늡니다. 잘 쓰고 좋은 글만 칭찬받는 게 아니라 아이가 쓰는 글 모두가 귀하고 가치 있는 것으로 여겨져야 글도 재미있게 쓰고 또 쓰고 합니다.

아이는 자기가 쓴 글이라면 무조건 칭찬받고 싶어 합니다. 그 마음을 귀하게 여겨주세요. 잘 쓰고 못 쓰고를 떠나서 아이 글이어서 귀하게 여기고 소중하게 간직하는 게 먼저랍니다. A4 파일에 아이의 글을 차곡차곡 넣어서 작품집으로 만들어주세요. 언젠가 반드시 돌아보면서 아이와 함께 웃는 날이 올 겁니다.

06

AI가 대신
글 쓰면 되잖아요

제가 성인이 됐을 때 한국의 포털 사이트가 처음 문을 열었습니다. 다음, 네이버 같은 포털 사이트에서 검색하는 것이 재미였고, 즐거움이었죠. 궁금한 건 뭐든 물어볼 수 있고, 쉽게 대답해주는 것을 보면서 신기해 하기도 했습니다. 이제 여기에 AI가 추가가 되었습니다. 검색하면 친절하게 AI가 요약까지 해서 대답을 해줍니다.

우리의 삶에 검색과 AI가 깊숙이 들어온 지금, 아이들은 어떨까요. 요즘 아이들은 글을 잘 쓰지도 않거니와, 쓴다 해도 AI가 알아서 해주리라 여깁니다. 글을 쓰다가 막히면 대신 써달라고 한다거나 아예 써달라고 요구하기도 하지요. 학교에서 해오라는 수행평가를 AI를 활용해서 쓰는 것은 예사가 되기도 했고요. 부모도, 선생님도 익히 아는 사실이지만, 이걸 어디까지 허용할지는 경계를 정하기가 쉽지 않습니다.

결론부터 말씀드리겠습니다. AI 글쓰기를 무조건 막아야 한다고 생각하지는 않습니다. 어떤 식으로든 활용할 수밖에 없고, 그렇게 될 것입니다. 하지만 그럴수록 순서는 반드시 지켜야 합니다.

AI가 먼저 쓰고 아이가 베끼는 건 안 됩니다. 그보다는 아이가 먼저 쓰고 AI에게 의견을 물을 수는 있겠지요. 이렇게 순서를 바꿔서 접근하면 AI를 활용한 글쓰기가 전혀 다른 얘기가 됩니다. AI가 쓰고 베끼는 것은 당연한 얘기지만, 아이가 해낸 글쓰기가 아닙니다. 하지만 후자는 좋은 글쓰기 훈련입니다. 친절한 코치에게 방향을 묻는 것처럼 말입니다. 이 순서 하나가 아이의 사고력을 키우느냐, 빼앗느냐를 가릅니다.

2024년 노르웨이 과학기술대학교(NTNU) 반 데르 미어 교수 연구팀은 손으로 글씨를 쓸 때 키보드 타이핑보다 훨씬 더 광범위한 뇌 영역이 활성화된다는 것을 밝혔습니다.[2] 기억을 만들고 새로운 정보를 받아들이는 뇌의 영역이 손으로 글씨를 쓸 때만 연결된다는 것입니다. 쓰는 행위 자체가 아이의 뇌를 깨우는 셈입니다.

이뿐 아닙니다. 2025년 미국 MIT 미디어랩 연구팀은 대학생 54명을 대상으로 글쓰기 실험[3]을 했습니다. AI를 사용해 글을 쓴 학생들과 AI 없이 글을 쓴 학생들의 뇌파를 측정했는데, AI를 사용한 학생들의 뇌에서 창의성과 주의력에 관련된 영역의 활동이 뚜렷하게 낮았습니다. 더 놀라운 것은 AI를 사용한 학생들이 방금 AI로 쓴 문장을 정확히 기억하지 못했다는 점입니다. 연구진은 이를 인지 부채(cognitive debt)라고 불렀습니다. 기계에게 편리함을 빌린 대가로 인간은 인간다울 수 있는 가장 큰 힘, 바로 생각하는 힘을 잃어가는 것입니다.

그렇다면 초등학생에게 AI 글쓰기는 어떻게 가르쳐야 할까요. 저는 세 가지 원칙을 제안합니다.

첫째, 먼저 내 생각을 씁니다. 한 줄이어도 좋습니다. AI를 활용하는 것은 그다음입니다. 내가 생각조차 하지 않고 AI에게 맡겨버리면 아이는 AI의 생각을 빌려 쓰는 것이지 자기 글을 쓰는 것이 아닙니다.

둘째, AI가 쓴 문장을 그대로 베끼지 않아야 합니다. 참고하되, 내 말로 반드시 다시 써야 합니다. 이 한 단계를 넣느냐 빼느냐가 아이의 글쓰기 근육을 만드는 과정이라고 생각해야 합니다. AI 문장을 읽고 내 언어로 바꿔 쓰는 것은 어떤 의미에서는 필사 훈련이 되기도 합니다.

셋째, AI에게 질문하는 연습을 해야 합니다. AI에게 원하는

답을 얻으려면 질문을 정확하고 구체적으로 해야 합니다. '친구에게 사과하는 글 써줘'라고 한 다음, 그 글을 베껴서 친구에게 보내는 것이 아니라, '오늘 친구랑 싸웠는데, 뭐라고 사과할지 고민이야. 어떻게 생각하니?'처럼 묻는 겁니다. 이렇게 질문을 다듬고, 더 나은 글을 고민하는 힘에서 글쓰기 능력도 길러집니다. AI 시대에 글쓰기를 잘하는 아이가 AI도 잘 활용할 수밖에 없습니다. 결국 같은 맥락의 능력입니다.

AI 시대의 글쓰기 교육은 더 잘 쓰기 위해 활용하는 것으로 이해해야 합니다. 더 좋은 글을 더 잘 쓰기 위해 AI를 활용하는 것이지, AI가 나 대신 쓰는 것이 아닙니다. 아이에게 이 차이를 가르치는 것, 그것이 지금 이 시대의 우리가 해야 할 가장 중요한 일입니다.

5장

긴 글쓰기에 도전하자

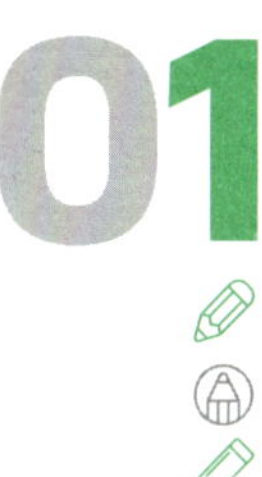

01

연꽃기법을 알면
긴 글쓰기가 쉬워진다

주제는 작가가 글에서 말하고 싶은 핵심 생각입니다. 글감은 주제를 구체화한 것입니다. 예를 들어 '맑은 물'이 주제라면 글감은 '맑은 물과 관련해서 내가 경험한 이야기'입니다.

주제만 보고 곧장 글을 쓰라고 하면 어렵습니다. 크고 추상적인 주제를 작고 구체적인 내 이야기인 글감으로 가져오는 과정을 거쳐야 합니다.

이 장에서는 글감을 찾아서 긴 글을 쓸 수 있는 '연꽃기법'을 소개합니다. 연꽃기법은 창의적 사고기법 가운데 하나로 아이디어를 확산하는 방법입니다. 연꽃기법을 글쓰기에 응용하면 여러 문단으로 글을 구성할 수 있어서 문단을 가르치기에도 좋습니다. 저도 책이나 긴 글을 쓸 때는 연꽃기법을 활용합니다.

연꽃 기법으로 글감 찾기

준비물 A4 용지 여러 장

1. A4 용지에 3×3 칸을 그립니다.

2. 가운데 칸에 주제를 씁니다.

3. 주제와 관련해서 생각나는 글감을 나머지 칸에 짧은 문장이나 낱말로 씁니다.

4. 글로 쓰고 싶은 글감을 고릅니다.

엄마	아빠	내동생
이모	**가족**	강아지 민이
이모부	할머니	외할머니

5. 고른 글감을 새 A4 용지 3×3 칸에 씁니다.

6. 고른 글감과 관련한 이야기를 문장으로 씁니다.

7. 글로 쓰고 싶은 문장을 고릅니다.

민이를 처음 만났을 때	민이가 좋아하는 간식	민이는 산책을 좋아해
민이 이름은 왜 민이가 됐을까	**강아지 민이**	착한 민이도 목줄을 꼭 해야 할까
민이의 사랑스러운 모습	민이가 수술하고 집에 돌아온 일	민이와 달리기한 날

8. 같은 과정을 한 번 더 반복합니다.

강아지도 스트레스를 받는다	강아지 스트레스를 줄이는 방법	민이는 집 근처를 30분간 걷기 좋아한다
민이는 풀도 뜯어 먹는다	**민이는 산책을 좋아해**	민이는 산책할 때마다 코 를 킁킁거린다
민이와 산책하고 나면 나 도 피곤해진다	산책은 냄새 맡기, 사회성 기르기, 스트레스 해소 모두에 좋다	산책하면서 다른 집에 사 는 강아지들을 만난다

9. 쓴 문장으로 문단을 조직합니다.

이야기가 점점 구체적으로 잡혀가죠? 이런 작업을 거치면 추상적인 주제도 손에 잡히는 현실적인 이야기로 만들 수 있습니다. 처음부터 막연하게 글을 길게 쓰라고 하면 어떻게 써야 할지 전혀 감이 안 오니, 이렇게 큰 주제에서 작은 이야기로 생각을 좁히는 방법을 가르쳐주세요. 아이는 이 과정에서 이야기를 구성하는 일이 어떤 것인지 직관적으로 배웁니다. 몇 번만 연습해도 어떤 주제로든 얼마든지 긴 글을 쓸 수 있습니다.

연꽃기법은 글쓰기뿐만 아니라 다른 교과 수업에도 응용할 수 있습니다. 저는 국어, 수학, 사회, 과학, 미술 어떤 과목에서든 연꽃기법을 활용했습니다. 처음에는 칸을 채우는 연습을 해야 하지만 나중에는 어떤 주제를 줘도 이야깃거리를 풍부하게 찾아냅니다. 글을 쓸 때는 순서에 맞춰 문단으로 엮기만 하면 됩니다.

글쓰기가 지루해서 싫다고 했던 동운이가 3월에 쓴 일기를 볼까요. 무슨 말을 하려고 했는지 글만 봐서는 잘 모르겠습니다. 초등학생들이 일기를 쓰다가 할 말이 없으면 자주 쓰는 말인 '파이팅!'도 보입니다.

제목: 새 학년 새 학기

3월 17일 날씨: 흐림

새 학기가 되었다. 4학년이 되니 기분이 살짝 이상하다. 그리고 3학년 때가 가끔 그립기도 하다. 그중 가장 그리운 것은 친구들이다. 그래도 4학년 때 다시 좋은 친구를 사귀면 되니까 괜찮다. 물론 4학년이 되니까 좋은 점도 있고, 안 좋은 점도 있다. 좋은 점은 작년에는 금요일에 6교시를 했는데 올해는 화요일에 6교시를 한다. 또 좋은 점은 우리 교실이 도서실에 가깝다는 것이다. 덕분에 도서실에 더 자주 가게 되었다. 안 좋은 점은 우리 교실이 신관 쪽에 있다는 것이다. 그래서 급식실이 멀어졌다. 밥도 늦게 먹는다. 하지만 곧 익숙해질 것 같다. 파이팅!

동운이가 글쓰기 교실에서 연꽃기법을 배웠습니다. 동운이가 글을 어떻게 구성해 나갔는지 보겠습니다.

연꽃기법으로 글쓰기 1단계: 글감 찾기

(친구)	공부	선생님
급식	~~가족~~ 학교	책 (교과서)
쉬는시간	우리 반	수업

학교에서 제일 친한 친구	멀리 하고 싶은 친구	베스트 프렌드 가 된 이유
나의 짝꿍	친구	어떻게 친구가 되었지?
친구와 놀다가 기분나쁜일	친구와 같이 밥 먹은거	친구와 나의 같은 관심사

왜 멀리하고 싶을까?	멀리하고싶은 친구에게 다가갈 수 있을까	멀리하고 싶은친구들의 종류
멀리 하고 싶은 친구의 친구	멀리하고 싶은친구	멀리 하고 싶은이유
멀리하고 싶은친구가 나에게 한일	멀리하고싶은 친구가 나에게 한말	멀리 하고 싶은친구의 말투

연꽃기법으로 글쓰기 2단계: 문장으로 쓰기

1문단: 멀리하고 싶은 친구가 나에게 한 일

2문단: 멀리하고 싶은 친구가 나에게 한 말

3문단: 멀리하고 싶은 친구의 말투

4문단: 멀리하고 싶은 친구의 친구

5문단: 멀리하고 싶은 이유

6문단: 멀리하고 싶은 친구에게 다가갈 수 있을까

연꽃기법으로 글쓰기 3단계: 이어서 글쓰기

제목: 멀리하고 싶은 친구

5월 김동운(4학년)

"야! 야! 김동운!"(글쓰기 시작 전략: 대화글로 시작하기, 큰따옴표①)

친구가 부르는 소리에 난 고개를 돌렸다. 그때 손가락 하나가 내 얼굴을 콕(의태어①) 찔렀다. 한별이었다. 몹시 화가 났지만 꾸욱(의태어②) 참았다. 그리고 친구들과 약속했던 술래잡기를 시작했다.

우리 반에선 술래잡기를 할 때 두 가지 규칙이 있다. 첫 번째 규칙은 술래가 다른 사람을 잡으면 잡힌 사람도 술래가 된다. 두 번째 규칙은 화장실에 있는 사람을 술래가 잡을 수 없다. 단 술래가 아닌 사람이 화장실에 2분 이상 있으면 자동으로 술래가 된다.

이번 술래잡기에서도 나는 화장실에 숨었다. 하지만 술래였던 한별이가 규칙을 어기고 화장실에 막무가내로 들어오더니 내 어깨를 잡아챘다.

나는 속이 부글부글 끓었지만 화를 참고 물었다.

"한별아, 너 왜 규칙을 어기니?"(큰따옴표②)

그러자 한별이가 "동운아, 너 왜 규칙을 어기니?"(큰따옴표③) 하며 입을 삐죽거리면서(의태어③) 내 말을 비꼬듯이 따라했다. 나는 한별이를 쥐어박고 싶었지만 또 꾹 참아버리고 말았다. 술래잡기가 끝나고 나서도 한별이는 계속 비꼬며 내 말을 따라했다. 난 그때부터 한별이가 싫어졌다.

한별이는 화를 잘 내는 친구였다. 예를 들어 피구를 할 때 우리 편 공인데 자기 편 공이라고 우기고 친구가 지우개 같은 물건을 빌려 달라고 하면 못 들은 척했다. 그리고 자기보다 큰 친구에게 주눅 들지 않고 덤비는 친구였다. 딱 나만한 덩치인데도 아주 사나워서 덩치가 큰 아이들을 모두 이겼다.

한별이와 꼭 붙어 다니는 태빈이라는 아이도 있었다. 한별이처럼 성격이 사나웠고 힘이 셌다. 다른 아이들은 많은 아이가 동운이 같을 겁니다. 글을 쓰라고 하면 보통은 귀찮아하고 어떻게든 대충 쓰고 끝내려 하죠. 그랬던 동운이도 연꽃기법을 배우자 원고지 7장 1,200자 분량 글을 뚝딱 써냈습니다. 동운이는 연꽃기법으로 쓰니까 글쓰기가 하나도 지겹지 않다고 말했습니다.

아이들은 글을 못 쓰는 게 아닙니다. 안 써봐서 어떻게 쓰는지 모르는 것뿐입니다. 연꽃기법으로 머리에 맴돌던 생각을 글로 구체화하고, 앞에서 배운 글쓰기 삼총사까지 활용하면 글은 순식간에 풍부해지고, 길어지고, 생생해집니다.

긴 글을 한 편 완성하면 아이들은 성취감을 크게 느낍니다. 성취감을 한 번 맛보면 다음에 글 쓰는 것은 더 쉬워집니다. 그 다음에는 더 쉬워지고요. 글쓰기의 선순환이 시작되지요.

02

생각을 덩어리로 묶는
문단 쓰기

스토리가 있는 글은 대부분 도입, 전개, 절정, 결말로 이야기가 진행됩니다. 신문기사든 수필이든 유명 작가가 쓴 소설이든 마찬가지입니다. 인물이 등장하고, 사건이 생기고, 갈등과 문제를 극복해서 마무리합니다. 문단은 이런 이야기 흐름을 덩어리로 묶은 것입니다. 시작과 끝은 간결하게, 가운데 배치할 전개와 절정 부분은 강조하는 식입니다. 도식화하면 항아리 모양이 됩니다.

도입: 문단 1개	도입: 문단 1개
전개: 문단 1개	전개: 문단 2개
위기와 절정: 문단 1개	위기와 절정: 문단 4개
결말: 문단 1개	결말: 문단 1개
짧은 글 문단 개수(4개)	1,000자 이상 글 문단 개수(6~8개)

처음 글을 쓸 때에는 '열기-맺기' 2단계로 쓰는 게 좋습니다. 익숙해지면 열기와 맺기를 둘씩 나누어 '시작하는 이야기 - 하고 싶은 이야기① - 하고 싶은 이야기② - 정리하기'처럼 네 문단으로 씁니다. 네 문단 쓰기에서 조금 더 구체적으로 이야기를 전개하면 문단을 둘씩 더 나누어 여덟 문단이 됩니다.

'열기-맺기' 구조를 따르면 자연스레 짝수 문단으로 글이 구성된다는 것을 알 수 있습니다.

유진이가 2학년 때 네 문단 쓰기를 지도한 내용을 그대로 옮겨봅니다.

1. 시작하는 이야기: 언제, 어디에서, 누가, 무엇을 했는지 씁니다.

엄마: 오늘은 무엇을 써볼까?

유진: 벚꽃 이야기.

엄마: 벚꽃을 언제 봤지?

유진: 점심 먹기 전에 봤어.

엄마: 벚꽃을 어디에서 봤어?

유진: 승마장에서 집으로 오는 길에 봤어.

엄마: 누구랑 같이 봤지?

유진: 엄마랑 언니랑 함께 봤어.

2. 하고 싶은 이야기①: 왜 그 주제를 골랐는지, 무슨 생각을 했는지 씁니다.

> **엄마**: 유진이는 왜 이걸 쓰고 싶어?
>
> **유진**: 엄마가 벚꽃 보고 사진 찍자고 했는데, 그게 기억에 남았어.
>
> **엄마**: 유진이는 그 말을 듣고 무슨 생각했어?
>
> **유진**: 얼른 사진 찍으면 좋겠다고 찬성했어.
>
> **유진**: 그럼 찬성한 것까지 쓰면 되겠네.

3. 하고 싶은 이야기②: 더 하고 싶은 이야기와 또 다른 사건을 씁니다.

> **엄마**: 그때 또 무슨 일이 있었더라?
>
> **유진**: 엄마가 언니한테 사진 찍게 나무 아래에 서보라고 했어.

4. 정리하기: 내용을 정리하는 문장으로 간결하게 끝맺습니다.

벚꽃 터널

임유진(2학년)

1. 시작하는 이야기

오늘 언니를 승마장에서 데려오는 길에 벚꽃나무가 엄청 많이 핀 걸 보았다.

'벚꽃이 많이 피었네.'

속으로 생각했다.

2. 하고 싶은 이야기①

엄마도 벚꽃을 보고는 이렇게 말했다.

"우와, 우리 여기에서 같이 사진 찍고 갈까?"

나와 언니는 찬성했다.

3. 하고 싶은 이야기②

차에서 내려서 엄마가 언니한테 이렇게 말했다.

"연아! 거기에 좀 서봐."

언니는 엄마가 가리키는 곳에 섰다. 언니와 사진을 찍으면서도 언니는 벚꽃을 잡으려 하고, 벚꽃은 자꾸 다른 데로 도망갔다. 나도 벚꽃을 못 잡았다.

4. 정리하기

집에 오는 길에 '내년까지 언제 기다리지'라고 생각했다. 벚꽃이 바람에 아름답게 떨어져 내리는 날이었다.

저학년이어도 이렇게 문단을 나눈 글을 쓸 수 있습니다. 문단 나누기를 연습한 다음 유진이가 어느 날 문득 글을 한 편 썼습니다. '루나 이야기'라는 글입니다.

루나 이야기

임유진(2학년)

루나는 다음 날 책가방을 찾고 있는데 그제야 현관에 두고 온 게 생각났다. 하지만 현관까지 가려면 무서운 괴물을 셋이나 만나야만 했다. 책가방에는 중요한 숙제가 들어 있기 때문에 할 수 없이 비상식량으로 자신이 좋아하는 쿠키와 오렌지 주스를 배낭에 챙겨 넣고 괴물 여행에 나섰다.

첫 번째는 부엌에 들어가서 엄마 괴물의 설거지를 해줘야 했다. 엄마 괴물의 설거지를 대신 해주었다.

두 번째는 아빠 괴물의 잔소리를 다 들어주어야 했다. 아빠 괴물의 잔소리를 다 들어주었다.

세 번째는 언니 괴물한테는 그냥 핸드폰을 던져주면 됐다. 그래서 언니 괴물한테 핸드폰을 던져줬다.

짐작하시겠지만 사실 이 세 괴물은 저희 가족입니다. 괴물 여행에 나서기까지가 첫째 문단, 첫 번째 괴물이 둘째 문단, 두 번째 괴물이 셋째 문단, 세 번째 괴물이 또 한 문단입니다.

여기까지 써놓고 유진이는 더 쓰기 싫다며 글을 마무리하지 않았습니다. 끝까지 썼다면 좋았겠지만 유진이처럼 저학년 아이는 글을 잘 썼는지 문단을 제대로 완성했는지 중요하지 않습니다. 아이 스스로 글을 쓴 것으로도 크게 칭찬하고 격려해야 합니다. 아이가 글쓰기에 재미를 붙인 순간이 드디어 찾아온 것이니까요.

연꽃기법으로
서사 쓰기
: 기행문

서사는 묘사와 함께 글쓰기의 두 축입니다. 서사는 시간의 흐름에 따라 사건을 나열합니다. 초등학생들이 흔히 '아침에 밥을 먹고, 학교를 가서, 공부하다가 집에 왔다'는 식의 일기를 자주 쓰는데 이런 글이 대표적인 서사입니다.

서사는 시간 흐름에 따라 사물의 변화를 관찰하는 관찰 보고서나 시간 흐름에 따라 장소를 이동하는 기행문을 잘 쓰기 위해 꼭 배워야 합니다. 특히 아이들이 체험학습을 다녀온 다음 보고서를 쓸 때 막연하게 어디 어디에 다녀왔다고만 쓰면 딱히 더 할 말이 없습니다. 이때도 연꽃기법으로 미리 내용을 구체적으로 정리한 다음 글을 쓰면 좋겠지요.

은율이, 건율이, 동운이는 연꽃기법으로 서사도 배웠습니다.

마침 건율이와 은율이 형제는 글쓰기 수업을 하던 6월에 유럽으로 가족 여행을 다녀왔습니다. 유럽에 다녀와서 기행문을 썼는데, 은율이는 원고지로 20장을 썼고, 건율이는 15장을 썼습니다. 두 아이는 먼저 연꽃기법으로 내용을 정리했습니다.

	외국을 처음 가는 게 기대된다. →		비행기를 탔다.
	비행기에서 있었던 일	↓	기내식이 맛있었다. 기내 케이크와 영화는 좋았다.
	↑ 유럽은 어떨지 궁금했다.		

※ 글의 앞부분에 해당하기 때문에 비행기에서 있었던 일은 문단을 짧게 구성했습니다.

호텔을 갔는데 너무너무 다리가 아팠다. ↘	프랑스 파리에 있는 드골 공항에 도착했다. →	에펠탑을 실제로 보니 ↓ 생각보다 크고 멋졌다.
바토무슈 배를 타고 하늘을 ↑ 봤는데 노을이 져서 멋졌다. ↑	**프랑스 파리에서 있었던 일**	↓ 오르세 미술관에서 그림을 ↓ 보니 더 화가가 되고 싶었다.
↑ 샹젤리제 거리에서 개선문을 봤다. 아주 컸다.	← 샹젤리제 거리에서 기념품을 사고 멸치 피자를 먹었다. 맛은 없었다.	← 루브르 박물관에 갔는데 옛날에 지어진 건물이라는 게 신기했다.

트래킹을 했다. 꽃을 봐서 예뻤지만 힘들었다. ↘	스위스 인터라켄에 있는 유스호스텔에 도착했다. →	4인 자전거를 탔는데 힘들었 ↓ 다. 꽃과 강이 예뻤다.
융프라우요흐 정상에서 눈보라가 내렸다. ↑ 눈사람을 만들었다.	**스위스 인터라켄 : 스위스가 세 나라 중 가장 좋았다**	↓ 스위스 조식도 샌드위치였다
융프라우산에 갔는데, ↑ 지금까지 살면서 본 경치 중 가장 멋졌다.	← 얼음 동굴을 구경했다. 바닥이 미끄러워서 넘어졌지만 재미있었다.	← 기차를 타고 융프라우요흐를 올라갔다. 어떻게 생겼는지 궁금했다.

피렌체 대성당을 구경했다. ↘	베네치아 구경을 했다. 물이 많아서 신기했다. →	수상 택시를 타고 산 마르코 광장을 구경했다. ↓
조토의 종탑을 올라갔다. 다리가 아팠지만 경치는 ↑ 멋있었다.	**이탈리아 베네치아, 피렌체**	산 마르코 광장을 구경하면서 기념품을 샀다. ↓ 정말 크고 웅장했다.
두오모 성당 내부를 ↑ 구경했다. 옛날에 만들었다는 게 신기했다.	← 피렌체를 구경했다. 두오모 성당 외곽을 구경하고 조토의 종탑도 봤다.	←저녁에는 피자와 파스타를 먹고 호텔로 돌아갔다. 오늘도 다리가 너무 아팠다.

트레비 분수에 이빨을 던졌다. ↘	스페인 광장에서 너무 목이 말랐고 몽띠 교회를 구경했다. →	바티칸 투어 가이드와 미켈란젤로 성당과 베드로 성 ↓ 당 작품에 대해 배웠다.
진실의 입에 갔다. ↑ 무서웠다.	**이탈리아 로마**	↓ 저녁으로 피자와 파스타를 먹었다.
나보나 광장에서 ↑ 길거리 공연을 보고 판테온 신전을 구경했다.	← 콜로세움 근처에 있는 팔라티노 언덕을 올라갔다.	← 로마의 콜로세움을 봤다. 아주 컸다.

건율이가 연꽃기법으로 10일간의 유럽 여행을 정리한 다음
쓴 기행문입니다.

<u>유럽아, 다시 만나자</u>

서건율(3학년)

"너무 기대된다!" (글을 시작하는 전략: 대화글로 시작하기, 큰따옴
표①)

외국을 처음 가는 날이어서 다른 여행보다 더더욱 기대가 됐다. 유럽은 어떻게 생겼는지 궁금했다. 유럽에 빨리 가고 싶어졌다.

비행기를 탔다. 비행기에서 영화와 게임을 보며 놀았다. 기내식이 나왔다. 처음 먹어보는 기내식이었다. 기내식이 그리 맛있지는 않았다.

드디어 프랑스에 있는 드골 공항에 도착했다. 일단 호텔에 가서 짐을 푼 다음 에펠탑으로 갔다. 책에서 본 것보다 더 크고 멋졌다.

다음은 오르세 미술관에서 유명한 화가들의 작품을 봤다. 멋진 작품들을 보니까 더 화가가 되고 싶어졌다. 거기에서 작품을 볼 때 다리가 너무 아팠다. 루브르 박물관에서 안에는 못 들어갔지만 외관도 박물관 같았다.

루브르 박물관에서는 '이걸 옛날에 만들었다니, 참 대단하구나'(작은따옴표①)라는 생각을 했다. 왜냐하면 수많은 멋진 조각상들과 정교하게 새겨져 있는 무늬가 있었기 때문이다.

이번엔 샹젤리제 거리로 갔다. 일단은 너무 배가 고파서 식당으로 갔다. 그곳에서 피자를 시켰다. 피자가 나오는데 멸치가 들어 있는 피자가 나와서 맛이 없었다.

식사를 하고 나서 샹젤리제 거리에 있는 개선문에 갔다.

개선문은 참으로 크고 멋졌다.

다음으로 바토무슈라는 배를 탔다. 마침 노을이 지고 있어서 그 풍경이 아주 멋졌다. 한국에서는 미세먼지 때문에 하늘이 안 보이는데 오랜만에 본 노을이었다. 바토무슈를 타고 다시 숙소로 돌아갔다.

다음 날 파리 리옹역에서 스위스에 있는 인터라켄 동역으로 갔다. 숙소를 들른 후 4인 자전거를 타고 스위스 마을을 구경했다. 아름다운 꽃들이 마을에 많았다. '스위스는 자연이 참 예쁘구나'_(작은따옴표②)라고 생각했다. 다음으로 형아의 시계를 산 다음 숙소로 돌아갔다.

드디어 융프라우요흐를 가는 날이다. 호텔에서 융프라우요흐를 가는 기차역으로 갔다. 한참 기차를 타고 올라가다가 잠시 멈춰 구경을 하고 다시 올라갔다. 얼음 동굴에 도착했다. 미끌미끌한 얼음이 바닥에 있어서 재미있었다. 그런데 형아가 장난을 쳐서 넘어졌다. 조금 울기도 했지만 그래도 괜찮았다.

얼음 동굴을 나와서 융프라우에 발을 내디뎠다. 그곳에 있는 눈으로 눈사람을 만들고 있었다. 그런데 외국인이 나에게 다가와서 영어로 무언가를 말했지만 나는 알아듣지 못했다. 머리를 쓰다듬더니 굿이라고 해서 아마도 좋은 뜻 같았다. 나도 "땡큐"_(큰따옴표②)라고 말했다. 그랬더니 초콜릿을 주셨다. 외국인과 이야기를 한 게 처음이라서 기분이 좋았다. 대화를 나눠보니, '영어를 잘 알아야겠구나'^(작은따옴표③) 하는 생각이 들었다. 대화하면서 더 많은 표현을 써보고 싶었기 때문이다.

기차를 타고 내려오다가 잠깐 들려서 트래킹을 했다. 산에서 내려오는데 예쁜 꽃이 많아서 좋았다. 다시 기차를 타고 내려갔다. 이제 스위스 여행이 끝났다. 자연이 아름다워서 스위스가 다녀본 세 나라 가운데 제일 좋았다.

이제 베네치아로 가려는데 그만 기차표를 잃어버렸다. 다행히 검사하는 역무원이 그냥 넘어가줬다. 아직 여행이 남았기 때문에 어떻게 될지 몰라 걱정하면서 베네치아에 도착했다.

베네치아는 물에 집이 떠있는 것 같았다. 베네치아를 구경하다가 수상 택시를 타고 산 마르코 광장으로 갔다. 산 마르코 광장은 굉장히 크고 멋졌다. 비둘기 모이를 주는 사람이 있었는데 형아가 모르고 받아버렸다. 그리고 나서 기념품을 산 다음에 광장 위로 올라갔다. 밖을 봤더니 빨간색 지붕이 펼쳐져 있었다. 이탈리아는 꼭 빨간 지붕이어야 하는 것 같다.

다시 수상 택시를 타고 돌아갔다. 파스타와 피자를 먹고 숙소로 돌아갔다.

다음 날 이번엔 피렌체로 갔다. 먼저 두오모 대성당을 구경했다. 마을 하나 정도로 큰 규모였다. 미처 다 못 보고 숙소로 돌아갔다. 다음 날 다시 두오모에 찾아갔다. 조토의 종탑에 올라갔다. 너무너무 힘들고 다리가 아팠지만 그래도 두오모 성당을 볼 수 있어서 다행이었다. 두오모 성당 내부에도 들어가보았다. 안과 밖 모두 대단했다. 옛날에 지었다는 게 믿어지지 않았다.

다음 날 기차를 타고 로마로 갔다. 이번에는 기차표를 대충 넘어가주지 않았다. 기차표를 다시 끊어야 했다. 스페인 광장으로 바로 갔다. 스페인 광장에 올라가는데 목이 말랐다. 스페인 대사관에 잠깐 들어갔는데, 나는 다리가 아파서 그냥 앉아 있었다.

다음 날 로마에 있는 콜로세움에 갔다. 유럽 사람들은 다 대단한 것 같다. 콜로세움을 너무나 크고 웅장하게 지어놨기 때문이다. 팔라티노 언덕에도 올라갔다. 스위스와 비슷한 풍경이었다. 나보나 광장으로 갔다.

나보나 광장에는 길거리 공연이 펼쳐졌다. 그중에서도 스프레이로 그림을 그리는 사람이 제일 기억에 남는다. 그것을 볼 때마다 그저 "대단하다"(큰따옴표③)는 말 밖에 안 나왔다. 스프레이로 몇 분 만에 멋진 작품을 뚝딱 그렸기 때문이다. 밤에 트레비 분수에 갔다.

　트레비 분수는 동전을 넣으면 소원이 이루어진다고 한다. 사람들이 동전을 던지는 것을 바라보다가 나는 이탈리아에서 빠진 이빨을 넣었다. 내 이빨이 이탈리아 트레비 분수에 있다는 게 지금 생각해도 기분 좋다. 숙소로 돌아갔다. 오늘도 다리가 아팠다.

　마지막 날이다. 똑같은 샌드위치 조식인데도 뭔가 느낌이 달랐다. 판테온 신전 내부를 구경했다. 자연광이 아주 예뻤다. 한참 보고 난 다음 공항으로 이동했다.

　유럽에서 10일 동안 있어보니 영어를 잘해야 할 것 같다. 화가가 되고 싶은 마음도 더 커졌다. 유럽 사람들은 건축을 아주 잘하는 것 같다. 유럽에서 힘든 일도 많았지만 재미있고 신기한 것을 많이 보았다. 다음에 또 오고 싶다.

　"유럽아, 우리 다시 만나자."(큰따옴표④)

다음은 동운이가 바다에 다녀와서 쓴 기행문입니다.

안녕, 바다야

김동운(4학년)

"와! 바다다!" (글을 시작하는 전략: 대화글로 시작하기, 큰따옴표①)

자동차 창문 밖으로 군산 새만금 방조제가 보였다. 그 너머로 넓고 푸른 바다도 보였다. 창문을 여니 시원한 바닷바람이 들어왔다.

전주에서 자동차로 40분을 달려 우리 가족이 도착한 곳은 군산 신시도 몽돌 해수욕장이었다. 5월이었지만 햇빛이 꽤 강했다.

나는 차에서 내리자마자 바닷가로 타다다닥(의태어①) 뛰어갔다.

"어? 여기 바닷가는 모래가 아니라 모두 자갈로 되어 있네?"(작은따옴표①)

바닷가를 따라 수많은 자갈들이 펼쳐져 있었다. 그 자갈은 몽돌이었다. 몽돌은 모나지 않은 둥근 돌인데 만져보니 맨들맨들(의태어②)했다. 크기와 색깔도 제각각이었다.

나는 몽돌 두 개를 손에 얹고 비벼 보았다. 사그락사그락(의성어①) 소리가 났다.

여행 온 다른 사람들이 여기저기 흩어져 바다를 구경하고 있었다. 우리 가족은 사진을 한 장 찍었다. 모두들 기분이 좋아 보였다. 아빠와 형은 납작한 돌을 골라 물수제비를 떴다. 나는 그 모습을 구경하다가 바위 틈을 탐색해 보고 싶어졌다.

바위 틈 사이에 바닷물이 사방으로 고여 있었다. 고인 물을 자세히 살펴보니 그 속에 작은 게가 기어가는 것이 보였다. 나는 버려져 있는 종이컵을 주워 게를 잡아 컵 속에 넣었다. 게가 왠지 어리둥절해 하는 것 같아 귀여웠다.

게를 더 잡으려고 다른 웅덩이로 갔더니 이번에는 소라게가 있었다. 소라게를 잡으려고 조심스럽게 손을 뻗었더니 소라 속으로 쏙 들어갔다.

'소라게야, 어서 나와.'(작은따옴표②)

나는 소라게가 다시 소라 밖으로 나오기를 기다렸다. 잠시 후 소라게가 밖으로 나왔다. 나는 '이때다!'(작은따옴표③) 하고 재빨리 손을 뻗었다. 성공이었다. 그렇게 여러 마리를 더 잡았다.

나는 소라게를 자랑하려고 엄마께 뛰어갔다. 그런데 엄마가 반짝이는 초록 돌을 들고 계셨다. 나는 신기해서 "엄마, 이게 뭐예요?"(큰따옴표②)라고 물었다.

엄마가 자세히 살펴보시더니 말했다.

"이건 놀이 아닌데? 이, 이건 깨진 병 조각인가 보다!"(큰따옴표③)

난 혹시나 싶어 그 초록 돌을 다른 돌에 부딪쳐 보았다. 틱틱거리는 소리가 났다. 아마도 병 조각이 몽돌처럼 둥글게 된 것 같았다.

나는 속으로, '쓰레기를 함부로 버려서는 안 되겠구

나'_(작은따옴표④) 하고 생각했다.

늦은 오후가 되니 어느덧 바닷물이 다시 차오르기 시작했다. 우리 가족은 집으로 돌아갈 준비를 했다. 나는 잡았던 게를 다시 바다에 놓아주었다.

파도가 몽돌 사이로 들어왔다 나갔다. 파도가 몽돌에 부딪쳐 스스스슥_(의성어③) 소리가 났다. 그 소리를 뒤로 하고 우리 가족은 전주로 돌아왔다. 멋진 하루였다.

기행문을 건율이는 2,000자, 동운이는 1,200자, 은율이는 3,000자 넘게 썼습니다. 아이들이 긴 글을 쉽게 쓸 수 있었던 것은 본격적인 글쓰기에 앞서 글의 뼈대가 될 개요를 작성한 덕분입니다. 글의 개요를 짜면 긴 글을 쓰는 게 어렵지 않습니다.

초등학생에게 개요 짜기를 가르치는 것은 생각처럼 쉬운 일이 아니라서 '개요' 대신 '연꽃기법'을 가르쳤습니다. 글쓰기 삼총사와 연꽃기법을 배우고 나자 아이들은 글을 손쉽게 써냈습니다. 어떻게 이렇게 긴 글을 썼냐고 물어보니 아이들이 대답했습니다.

"이제 글쓰기가 재밌어요."

연꽃기법으로
독후감 쓰기

어느 날 책 읽는 걸 좋아하는 둘째 유진이가 선언했습니다.

"엄마, 자꾸 그렇게 독후감 쓰라고 하면 앞으로는 책 안 읽을 거야."

책 읽을 때마다 옆에 가서 "독후감도 한번 써보지 그래" 하면서 살살 꼬드겼더니 싫었던 모양입니다. 책은 좋아도 독후감은 싫다는 유진이 같은 아이들이 많을 겁니다.

"독후감 쓰는 게 왜 싫은데? 너 글 잘 쓰잖아."

유진이에게 물어봤더니 대답은 이랬습니다.

"왜는, 독후감 쓰려면 귀찮잖아."

유진이를 위해서라도 어떻게 하면 독후감 쓰는 게 귀찮지 않고 재미있을까 고민했습니다. 유진이처럼 독후감 쓰기 싫어하는 아이를 위해 독후감 쉽게 쓰는 방법을 소개합니다.

<u>책을 읽고</u>

서은율

『해와 바람』이라는 책을 읽었다. 어렸을 때 읽은 책이다. 또 읽어봤다. 해와 바람이 만났을 때 내기를 하였다. 누가 더 센지, 대결을 했는데 지나가는 사람의 옷을 벗게 하는 것이다. 먼저 바람이 바람을 불어 옷을 날리려고 했다. 하지만 지나가는 사람은 옷을 더 꽉 잡았다. "좀 더 세게" 하면서 다시 불었지만 힘만 들었다. 다음 해가 옷을 벗기려 했다. 하지만 해는 옷을 날리려 하지 않았다. 해는 주변을 뜨겁게 하여 그 사람이 덥게 만들었다. 그래서 그냥 쉽게 옷을 벗었다. 그러니 해가 승! 바람은 힘자랑을 하던 자신이 부끄러웠다. 그래서 나는 바람처럼 힘만 자랑하지 않고 해처럼 지혜를 쓴 점이 좋다.

은율이가 5학년 때 쓴 독후감입니다. 밑줄 친 부분은 책의 줄거리를 쓴 부분입니다. 아마 많은 아이가 은율이처럼 독후감을 쓸 겁니다. 분량도 짧지만 느낌을 표현한 문장이 '그래서 나는 ~ 좋다' 한 줄뿐입니다. 은율이가 독후감을 왜 이렇게 썼는지 물어보자 은율이 부모님은 "별생각 없이 읽은 책이어서 그렇다"고 하셨습니다. 그런데 정말로 생각 없이 책을 읽을 수 있을까요?

책을 읽는 것은 매우 고차원적인 사고 과정입니다. 몇 만분의 1초 단위로 빠르게 새로운 정보를 받아들이고 가지고 있는 정보와 비교 및 해석하고 다시 자신의 것으로 재구조화하여 기억하는 일을 동시에 수행해야 합니다. 생각이 없는 게 아니라 너무 많은 것이죠.

아이가 독후감 쓰기를 어려워하는 것은 읽는 동안 생각을 안 해서가 아니라 너무 많이 했기 때문이고, 그것을 어떻게 묶을지 잘 몰라서 그렇습니다.

독후감을 쓰는 가장 쉬운 방법은 책을 읽을 때 중요한 부분을 메모하는 것입니다. 제가 쓴 또다른 책 『읽는 힘으로 공부머리를 완성하는 읽기 연습』에서 초록하는 독서의 장점이 실려 있습니다. 나중에 초록만 모아서 정리하면 두꺼운 책 한 권도 얼마든지 요약할 수 있습니다.

그런데 아이들은 메모하면서 책을 읽지 않습니다. 그냥 책 읽는 것도 달래서 읽히는데 어느 세월에 메모까지 할까요. 생각이 다 지나간 다음에야 독후감을 쓰려 하니 어려울 수밖에 없습니다. 그렇다면 초록 없이도 생각을 다시 떠올릴 방법이 있어야겠지요.

몇 년 전 미국 LA로 가족 여행을 갔습니다. 남편이 차를 운

전했는데 내비게이션 대신 기억으로만 길을 되짚어가야 할 때가 몇 번 있었습니다. 그때 일곱 살이었던 유진이가 길을 가장 잘 찾았습니다. 어떻게 기억하냐고 물었더니, 어느 한 지점을 확실하게 기억해 두면 나머지는 근처에 가면 저절로 떠오른다고 하더군요.

독후감 쓰기는 유진이가 낯선 곳에서 길을 기억하는 방법과 비슷합니다. 책을 읽으면서 가장 생각이 많이 든 어느 한 지점을 찾아내야 합니다. 책에서 가장 핵심이 되는 지점, 작가의 생각을 대변하는 한 문장을 찾아내는 겁니다. 저는 그걸 '황금 문장'이라고 부릅니다.

오래전 『노인과 바다』에서 노인이 뼈만 남은 물고기를 끌고 돌아오면서 "인간의 의지는 파괴되지 않는다"라는 말을 중얼거리는 장면을 읽으며 저도 모르게 눈물이 핑 돌았습니다. 노인이 말한 "인간의 의지는 파괴되지 않는다"라는 문장은 『노인과 바다』의 핵심이자 황금 문장입니다. 책에서 이런 황금 같은 한 문장을 찾아내는 것이야말로 가장 중요한 독서 포인트입니다.

책을 쓸 때 작가는 자신의 생각을 대변하는 한 문장을 책에 의도적으로 배치합니다. 저뿐 아니라 모든 작가가 그렇습니다. 작가가 생각하는 황금 문장을 가장 잘 찾아내는 독자가 가장 많은 걸 얻어가는 독자입니다.

저는 학생들에게 책을 읽을 때마다 황금 문장을 찾는 걸 가르쳤습니다. 황금 문장 찾기를 연습해 두면 다른 모든 글에서 핵심이 되는 문장을 집어낼 수 있습니다. 익숙해지면 어떤 글을 읽어도 주제 문장과 뒷받침 문장을 한눈에 볼 수 있습니다. 유진이가 랜드마크가 되는 어떤 지점을 정해두고 길을 기억하듯이, 독자도 황금 문장을 찾아서 작가의 생각과 의도를 짐작해 보는 것이 독후감 쓰기의 시작입니다.

이는 소설이나 창작동화도 마찬가지입니다. 어떤 글이든지 작가가 말하고자 하는 주제가 있습니다. 작가는 그 주제를 깊이 다룬 부분에 힘을 쏟아붓기 때문에 어떤 장면이 가장 인상 깊었는지 말해 보는 시도가 반드시 뒤따라야 합니다. 문장이나 주인공의 대사 등을 주의 깊게 살펴보도록 하세요.

독후감을 쓸 때 이왕이면 부모가 함께 책을 읽어야 좋습니다. 아이 혼자 읽고 독후감을 쓰면 황금 문장을 잘 찾은 것인지 부모가 잘 모르기 때문입니다. 아이와 엄마가 따로 황금 문장을 찾고, 서로 찾은 황금 문장에 대해서 이야기를 나누세요. 특별히 인상 깊게 묘사된 장면이나 주인공의 대사, 표정, 행동 등에서 강조된 부분이 황금 문장일 가능성이 큽니다.

책을 읽고 다양한 생각이 분산된 경우
→ 독후감을 쓰기 어렵다.

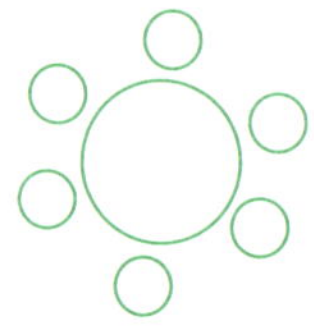

책을 읽고 여러 생각을 한 주제로 집중한 경우
→ 독후감을 쓰기 쉽다.

 활동 예시

연꽃기법으로 독후감 쓰기

1. 책의 주제를 한 단어로 표현해 봅니다.

   예 「바리데기」 - 효도

   「해님 달님」 - 지혜

2. 책을 읽으면서 눈길을 끈 것들을 몇 가지 키워드로 정리합니다. '만약 ~라면 어떨까' 하고 상상하거나, 왜 그렇게 생각했는지 자세하게 설명하게 합니다. 이렇게 구체적인 키워드로 접근하면 생각과 느낌을 정리하기 쉽습니다.

   장면: 인상 깊었던 장면, 슬펐던 장면, 기뻤던 장면, 웃음이 나온 장면, 내가 꼽는 최고의 장면, 왜 그렇게 생각했는지 써보기 등

   문장: 내가 찾은 황금 문장, 주인공이 나눈 대화, 왜 그 문장을 골랐는지 써보기 등

   인물: 주인공이나 주인공과 관련 있는 인물, 미웠던 인물, 응원했던 인물, 만약 내가 책 속 인물이라면 어땠을까 생각해 보기 등

   배경: 책을 읽게 된 배경, 책의 이야기가 진행되는 시간적 배경과 공간적 배경, 만약 이 책을 지금 읽지 않았다면 어땠을지 써보기 등

   줄거리: 짧게 두 줄로 줄이기, 20자로 요약하기 등

   그밖에 하고 싶은 이야기: 만약 이 책을 누군가가 꼭 읽어야 한다면 누구에게 추천하고 싶은가 등

3. 문단 순서를 정한 다음 글로 풀어서 씁니다. 동운이는 연꽃기법으로 여덟 가지 키워드를 정했습니다.

① 책을 읽고 다짐한 내용　　② 내가 찾은 황금 문장
③ 책을 읽고 느낀 점　　④ 기억에 남는 대사
⑤ 기억에 남는 장면　　⑥ 책을 읽게 된 배경
⑦ 등장인물　　⑧ 더 하고 싶은 이야기

책을 읽게 된 배경	등장인물	더 하고 싶은 이야기
아빠와 형이랑 가진 독서 시간의 첫 번째 책이었다.	주인공 : 에드워드 툴레인. 도자기로 된 토끼 인형. 사랑받을 줄만 알고 사랑할 줄은 모른다. 주변 인물 : 첫 번째 주인 애빌린, 두 번째 주인 빌리 로렌스, 세 번째 주인 불, 네 번째 주인 사라 브라이스, 다섯 번째 주인 애빌린의 딸 매기	펠리그리나 할머니가 애빌린에게 해준 공주 이야기. 어느 누구도 진정으로 사랑할 줄 모르는 공주를 마녀가 흑멧돼지로 변하게 한다. 에드워드는 주인이 바뀔 때마다 이 이야기를 생각한다.
기억에 남는 장면 1. 사라가 죽는 장면 : 그때 에드워드의 감정은 슬픔. 2. 에드워드의 머리가 깨지고 마치 에드워드가 죽어서 자신의 주인들을 만나는 장면 : 사라는 별이 된다. 3. 마침내 애빌린, 그리고 애빌린의 딸 매기를 만나는 장면 : 집으로 에드워드가 돌아온다.	『에드워드 툴레인의 신기한 여행』을 읽고	**기억에 남는 대사** "나도 사랑을 받아본 적이 있어." 에드워드가 전 주인들에게 사랑을 많이 받았음을 깨닫는 장면
이 책을 읽고 내가 느낀 점 사랑하는 사람이 없을 때 이런 기분일까? 1. 그 사람이 보고 싶어도 그 사람을 볼 수도 만질 수도 없다는 것이다. 2. 그 사람과 더 이상 추억을 만들지 못하는 것이다. 3. 사랑하는 사람이 없다는 것을 문득 깨닫는 것이다.	**책을 읽고 나의 다짐** 나는 오늘 가족을 꼭 안아주고 사랑한다고 말해야겠다.	**책 속의 황금 문장** "누군가 널 위해 올 거라고, 하지만 먼저 네가 마음의 문을 열어야 해." 이것이 이 책이 전하려고 하는 부분인 것 같다. 다른 사람의 소중한 사람이 되려면 내가 먼저 마음의 문을 열어야 하기 때문이다.

4. 연꽃기법 한 칸이 한 문단이 됩니다. 문단 순서를 정한 다음 글을 써보게 했습니다.

"신기한 여행을 통해 마침내 사랑을 깨닫게 된 토끼 인형"
『에드워드 툴레인의 신기한 여행』을 읽고

김동운 (4학년)

예전에 주말마다 형, 아빠와 책 한 권을 정해 독서 시간을 가진 적이 있다. 『에드워드 툴레인의 신기한 여행』은 우리가 읽은 첫 번째 책이었다.

이 책의 주인공은 도자기로 된 토끼 인형, 에드워드 툴레인이다. 에드워드는 자신이 특별하다고 생각했다. 그의 첫 번째 주인인 애빌린이 자신을 사랑하는 것도 당연하게 여겼다. 그는 사랑할 줄 모르는 차가운 도자기 인형이었다. 에드워드는 애빌린과 바다를 여행하다가 바닷속으로 떨어지면서 기나긴 여정을 시작하게 된다.

에드워드는 여행을 하면서 여러 주인들을 만난다. 두 번째 주인 로렌스와 그의 아내 넬리는 에드워드를 다정하게 대했다. 에드워드는 그때부터 조금씩 사랑을 느끼기 시작했다. 세 번째 주인 방랑자 불과 그의 개 루시를 만난 에드워드는 그들과 함께 꽤 오랫동안 떠돌게 된다. 그러다 헤

어져 잠시 허수아비 신세가 되었다가 네 번째 주인 사라와 브라이스 남매를 만난다. 그리고 오랜 시간이 흘러 처음 주인이었던 애빌린을 다시 만나게 된다. 사랑받을 줄만 알고 사랑할 줄 몰랐던 도자기 토끼 인형 에드워드는 모험을 통해 마침내 사랑을 배운다.

이 책은 또 하나의 중요한 이야기가 등장한다. 펠리그리나 할머니가 애빌린에게 해준 공주 이야기다. 어느 누구도 사랑할 줄 모르는 공주는 마녀의 실망을 사게 되어 결국 흑돼지로 변하는 이야기다. 에드워드는 주인들이 바뀔 때마다 공주의 이야기를 되새긴다. 어쩌면 에드워드는 애빌린을 사랑하지 않아 벌을 받은 거라고 생각했을지도 모른다.

"나도 사랑을 받아본 적이 있어."

에드워드가 허수아비 신세가 되어 밤하늘의 별에게 한 말이다. 에드워드는 후회했다. 자기가 사랑받았다는 것을 뒤늦게 깨달았다.

이 책을 읽으며 가장 슬펐던 장면은 사라와 에드워드의 이별이다. 작고 연약한 사라는 기침을 하며 앓다가 숨을 거둔다. 에드워드에게는 가장 슬프고도 가슴이 찢어지는 이별이었을 것이다. 그 장면은 나의 마음도 먹먹하게 만들었다. 그리고 한 번도 생각해 보지 않았던 '죽음'이라는 것에 대해 생각하게 해주었다.

'만약 사랑하는 가족 중 한 사람이 죽어 내 곁에 없다면 어떨까' 하고 말이다. 사라처럼 밤하늘의 별이 될까?

엄마가 언젠가 이렇게 말씀하셨다.

"죽는다는 것은 그 사람이 보고 싶어도 더 이상 그 사람을 볼 수 없다는 거야. 그 사람을 만질 수도 없고 그 사람의 목소리를 들을 수도 없는 거야. 항상 네 옆에 있던 사람이 문득 네 옆에 없다는 걸 깨닫는 거야."

"그리고 그 사람과 더 이상 추억을 만들지 못하는 것이지."

기분이 이상했다. 눈물이 날 것 같았다.

"누군가 널 위해 올 거라고. 하지만 먼저 네가 마음의 문을 열어야 해."

나이 많은 인형이 모든 것을 체념한 에드워드에게 한 말이다. 다른 사람이 다가오기를 기다리지 말고 내가 먼저 마음을 열고 다가가야 한다. 나는 이 대사가 이 책이 우리에게 들려주고 싶은 말일 거라고 생각했다.

에드워드가 긴 여행을 통해 사랑을 배웠듯이 나도 이 책을 읽고 깨달은 것이 있다. 누군가의 소중한 존재가 되려면 내가 먼저 그 사람을 소중히 하고 사랑해야 한다는 것이다. 그리고 내가 가진 것에 감사해야 한다는 것을.

오늘은 우리 가족에게 사랑한다고 말하고 꼭 안아줘야겠다.

동운이 독후감은 200자 원고지 10장 분량입니다. 동운이가 긴 글을 쉽게 쓸 수 있는 것은, 연꽃기법으로 생각을 키워드를 나누어 정리했기 때문입니다. 책을 읽으면서 든 다양한 생각을 체계적으로 범주화할 수만 있다면 성인이든 학생이든 독후감을 어렵지 않게 쓸 수 있습니다.

글쓰기에 익숙하지 않거나 독후감을 많이 써보지 않은 학생은 책을 읽기 앞서 연꽃기법으로 정리할 키워드를 미리 정하게 하세요. 눈여겨볼 장면, 황금 문장, 대화, 주인공 소개 등 키워드를 정해놓으면 책을 읽는 목적이 확실해집니다. 목적이 확실하면 읽고 난 다음 생각을 글로 정리하는 것 역시 쉬워집니다. 이런 전략적인 읽기는 독후감 쓰기에도 유용하답니다.

연꽃기법으로
논술 쓰기

토론이 '주장하는 말하기'라면 논술은 '주장하는 글쓰기'입니다. 논술에서는 내가 하려는 주장을 정확한 근거로 뒷받침하면서 체계적으로 글을 쓰는 게 가장 중요합니다. 초등학생이어도 차근차근 배우면 얼마든지 논술을 쓸 수 있습니다.

초등학생 논술은 생활과 가까운 주제를 다루어야 쓰기 쉽습니다. 처음에는 평소 생활에서 경험해 보았거나 크게 이슈가 되어서 잘 아는 주제를 다루는 게 좋습니다. 스스로 주장을 펼 만한 주제를 써보고 논술 형식에 익숙해지면 어려운 주제로 넘어가게 하세요.

학생들 생활과 가까운 주제라면 언어 생활, 취미, 교우 관계, 학교에서 경험하는 갈등 상황 등이 있습니다. 예를 들면 비속어쓰기, 기념일 챙기기, 이성 친구 사귀기 등입니다. 국어 교과서도 주장하는 글쓰기에서 이런 주제를 다룹니다.

연꽃기법으로 논술 쓰기

1. 평소 학교 생활에서 고민했던 문제를 생각해 봅니다. 먼저 주제를 말로 표현해 봅니다. 교과서에서 다른 주제도 상관없습니다.

   예 어린이들이 줄임말을 사용하는 것

   빼빼로데이, 로즈데이 등 기념일 챙기기

   초등학생이 이성 친구를 사귀는 것

2. 찾은 주제를 토론이 가능한 짧은 문장으로 만들어봅니다.

   예 어린이가 줄임말을 사용하는 것을 어떻게 생각하는가.

   초등학생이 기념일을 챙기는 것을 어떻게 생각하는가.

   초등학생이 이성 친구를 사귀는 것을 어떻게 생각하는가.

3. 문장에 찬성하는지 반대하는지 입장을 말해 봅니다.

   예 어린이가 줄임말을 사용하는 것을 어떻게 생각하는가.

   찬성한다.

   반대한다.

4. 찬성과 반대에 따른 근거를 세 가지 이상 말하게 합니다. 한 편에서 주장을 내놓으면 그 주장에 대한 반대를 생각해 보면 됩니다

   찬성① 줄임말을 알면 친구들과 쉽게 친해진다.

   반대① 줄임말을 모르면 소외감을 느낀다.

   찬성② 줄임말을 쓰면 말하기 편리하다.

   반대② 모르는 사람으로서는 편리하지 않다.

5. 연꽃기법으로 자신이 선택한 입장과 근거를 정리하게 합니다. 논술을 처음 쓰는 학생들은 여섯 칸만 채워도 됩니다.

1. 문제가 되는 상황 설명 (자료 조사 꼭 하기)	2. 내 입장은 무엇인가	3. 그렇게 생각하는 첫 번째 이유
4. 그렇게 생각하는 두 번째 이유	주제	5. 그렇게 생각하는 세 번째 이유
6. 다시 한 번 입장 정리		

처음 논술을 쓰는 아이들이 주의해야 할 점

1. 구체적인 데이터와 자료로 주장 뒷받침하기

논술을 쓰기에 앞서 쉬운 주제를 다룬 신문 사설을 읽어보면 도움이 됩니다. 사설은 아무 근거 없이 주장을 펴지 않습니다. 보통 주장을 뒷받침하는 근거로 설문 조사, 연구 논문, 책, 통계 자료 등을 인용합니다. 초등학생이 쓰는 논술도 마찬가지입니다. 포털 사이트에서 짧게 검색 몇 번 하는 대신 신문, 책, 통계 결과를 바탕으로 주장을 뒷받침할 수 있어야 합니다. 인터넷에서 어떤 키워드로 검색해야 원하는 자료를 얻을 수 있는지도 함께 연습하는 게 좋습니다.

2. 예를 들어 설명하기

초등학생은 예를 들어 설명하는 것에 익숙하지 않습니다. 그러나 독자 입장에서는 예를 들어야 이해하기 쉽고, 글쓴이의 의견에 동조하기도 쉽습니다. 새로운 개념이나 용어가 나올 때는 반드시 예를 들어 설명하게 하세요. 글이 훨씬 탄탄해집니다.

동운이가 쓴 논술을 살펴보겠습니다.

·대구 교육 정보원에서 대구 초등학교 4~6학년 학생들을 대상으로 '신조어·줄임말 사용에 대한 실태 및 의식조사' 설문 실시. 초등학생 96.9% 신조어·줄임말 사용. (학생 1859명) ·줄임말이란: 어떤 말을 간략하게 쓰는 말을 뜻한다. 예) 극혐, 관종, 안물, 심쿵, 생파, 생선, ㅇㅋ, ㅇㅇ, ㅈㅅ ③	어린이들이 줄임말을 사용하는 것은 옳지 않다. ②	그 이유는 1. 줄임말을 사용하면 아름다운 우리말인 한글이 훼손되기 때문이다. ·한글은 많은 사람들이 쉽게 글을 읽고, 쉽게 사용할 수 있도록 만들어진 글이다. 우리말인 한글을 재미나 편리를 위해 바꾸는 것은 옳지 않다. (예: ㅈㅅ, ㅂㅂ, 순상, 생파, 생선, 갑분싸, 인물 등) ⑤
이유2. 줄임말을 사용하면 다른사람과의 의사소통이 어려워진다. (예: 부모님께 줄임말을 들려드리는데 이해를 못하심) → 줄임말을 자꾸 쓰면 무슨말을 하는지 서로 알 수 없어 불편하다 ④	어린이들이 줄임말을 사용하는것이 옳은 일인가? (반대)	이유3. 줄임말을 사용하면 친구들간의 거리를 멀게 한다. ·뜻을 모르고 이야기를 들은 친구는 투명인간이 된 것처럼 소외감을 느낄 수 있음. ·대화에 공감하지 못하는 친구는 속이 상함. ⑥
줄임말을 사용하면 아름다운 한글이 훼손되고, 다른사람과의 소통이 어려워지며, 친구들간의 거리를 멀게 하고, 상대방의 기분을 상하게 할 수도 있다. 그러니 옳지않은 줄임말보단 바르고 고운 말을 쓰도록 노력해야한다. ⑦		이유4. 줄임말을 사용하면 상대방의 기분을 상하게 할 수도 있다. 줄임말 중에는 부정적인 의미를 갖는 단어들이 많다. (극혐, 관종 등) 6

① 논술을 쓰기 위해 연꽃기법으로 의견을 정리했습니다.

② 주제는 가운데에 쓴 "어린이들이 줄임말을 사용하는 것이 옳은 일인가"입니다.

③ 동운이는 대구교육정보원에서 대구 초등학교 4~6학년 학생들을 대상으로 한 '신조어 · 줄임말 사용에 대한 실태 및 의식 조사' 설문을 바탕으로 문제를 제기했습니다. 이렇게 신빙성 있는 연구 결과로 문제를 제기하면 독자가 더욱 관심 있게 글을 읽습니다.

④ 동운이는 주제를 반대하는 입장으로 글을 썼습니다.

⑤ 동운이는 주장을 뒷받침하는 네 가지 근거를 들었습니다.

첫째, 아름다운 한글이 훼손된다.

둘째, 세대 간 의사소통이 어려워진다.

셋째, 친구들 사이가 멀어질 수 있다.

넷째, 상대방의 기분을 상하게 할 수도 있다.

⑥ 마지막 문단은 앞에서 설명한 것을 정리하는 문단입니다. 이러한 이유로 나는 이 주제에 반대한다는 식으로 마무리합니다.

다음은 동운이가 완성한 글입니다.

<u>어린이가 줄임말을 사용하는 것은 옳지 않다</u>

김동운 (4학년)

2016년 9월 대구교육정보원에서 대구 초등학교 4~6학년 학생 1,859명을 대상으로 '신조어·줄임말 사용에 대한 실태 및 의식 조사' 설문을 실시하였다. 결과는 놀랍게도 초등학생 96.9%가 줄임말을 사용하는 것으로 나타났다.

줄임말이란 어떤 말을 간략하게 쓰는 말을 뜻한다. 예를 들어 안물(안 물어봤음), 갑분싸(갑자기 분위기 싸해짐), ㅇㅇ(응응) 등이 있다. 문제는 많은 어린이가 무분별하게 줄임말을 사용하는 것에 있다. 나는 어린이들이 줄임말을 사용하는 것은 옳지 않다고 생각한다.

첫째, 줄임말을 사용하면 아름다운 한글이 훼손된다. 한글은 많은 사람들이 쉽게 글을 알고, 쉽게 사용할 수 있도록 만든 글이다. 그런데 한글을 재미나 편리를 위해 ㅈㅅ(죄송), 문상(문화상품권), 생선(생일 선물)처럼 줄임말로 바꾸는 것은 옳지 않다.

둘째, 줄임말을 사용하면 줄임말을 아는 세대와 모르는 세대 사이의 의사소통이 어려워진다. 만약 줄임말을 아는 초등학생이 줄임말을 모르는 어른을 만나면 의사소통이 잘 되지 않을 것이다. 그러니 줄임말을 자주 쓰면 무슨 말을 하는지 서로 제대로 알 수 없어 불편하다.

셋째, 줄임말을 사용하는 친구와 줄임말을 모르는 친구 사이의 거리를 멀어지게 한다. 뜻을 모르고 이야기를 듣는 친구는 투명인간이 된 것처럼 소외감을 느낄 수 있고,

대화에 공감하지 못하는 친구는 속이 상한다.

　넷째, 줄임말을 사용하면 상대방의 기분을 자칫 상하게 할 수도 있다. 줄임말 중에는 극혐(극도로 혐오), 관종(관심 종자) 같은 부정적인 의미를 갖는 단어들이 많다. 이런 단어를 쓰면 상대의 기분은 당연히 좋지 않을 것이다.

　이처럼 줄임말을 무분별하게 사용하면 우리글인 한글이 훼손되고, 줄임말을 모르는 다른 세대와의 의사소통도 어려워진다. 또 줄임말을 아는 친구와 모르는 친구 사이에 거리를 멀어지게 할 수도 있고, 상대방의 기분을 상하게 할 수도 있다. 그러니 옳지 않은 줄임말을 무분별하게 사용하기보다는 바르고 고운 말을 쓰도록 노력해야 한다.

　논술의 구조와 쓰는 방법을 알고 나면 나머지는 연습하기 나름입니다. 동운이는 논술을 처음 썼습니다. 그럼에도 불구하고 논술의 기본적인 틀과 구조를 갖췄습니다. 분량은 여덟 문단 988자입니다.

　논술 실력을 빠르게 늘리는 가장 좋은 방법은 같은 주제를 놓고 찬성으로도 써보고, 반대로도 써보는 것입니다. 이런 연습이 쌓이면 '아, 이렇게 하면 논리가 약해서 금방 설득 당하겠구나', '이렇게 하면 내 논리로 상대를 설득할 수 있겠구나' 하고 직관적으로 깨닫습니다.

객관적인 사실을 전달하는 기사문 쓰기

유진이가 한국어린이기자단 2기로 뽑혔던 적이 있었습니다. 한국어린이기자단에서는 6개월 동안 어린이 기자가 직접 기사문을 작성하고 온라인에 올리도록 했습니다. 한국어린이기자단뿐만 아니라 시·도교육청에서도 다양한 어린이기자단을 운영합니다. 통일부나 교육부 같은 국가기관에서도 어린이기자단을 운영하기 때문에 잘 눈여겨보면 얼마든지 어린이 기자로 활동할 수 있습니다.

일단 어린이 기자가 되면 다양한 기사문을 쓸 기회가 생겨서 기사거리를 찾게 됩니다. 유진이도 한국어린이기자단에 뽑힌 이후로 기사 쓰기를 시작했고, 심지어 패스트푸드점에 가서도 봉지를 눈여겨보곤 할 정도였습니다.

“엄마, 이 패스트푸드점의 역사를 기사로 써볼까?” 하고 물었던 기억이 떠오르는 걸 보면 꼭 써야 한다는 의무감이 있는 기자단 활동이 엄마가 쓰라고 하는 글쓰기보다 확실히 효과적인 것 같습니다.

기사문은 생활문과 달리 사실을 위주로 써야 합니다. 생활문을 잘 쓴다고 해서 기사문을 금방 잘 쓰게 되지는 않지요.

독서 교육에서 살펴봤듯이 정보체 글과 문학체 글은 장르가 다르기 때문에 글을 전개하는 방식도 다릅니다. 육하원칙에 근거해서 정확하고 객관적인 사실을 전달하는 글이어야 합니다. 무엇보다 글이 짧고 쉬워서 술술 읽혀야 합니다.

다음은 한국어린이기자단에서 어린이 기자들에게 이야기하는 기사 작성 요령입니다.

- 사진은 다양한 각도에서 찍자.
- 간결하고 함축적인 제목을 쓰자.
- 행사 또는 사건의 의미와 중요성을 강조하자.
- 통계를 넣어 인상적으로 만들자. 기사의 근거를 보충하고자 신뢰도 있는 기관의 통계 자료를 인용하자.
- 짧은 인터뷰 내용을 넣자. 기사의 정확성을 높이는 가장 좋은 방법은 관련 인물의 인터뷰를 넣는 것이다.

 청소년 기자단 관계자는 "5일 합격자가 발표되자 수많은 지원자가 몰려 포털 사이트 실시간 검색어 순위 1위에 올랐고 국민적 관심이 청소년 기자단에 쏠리고 있다"고 말했다.

- 말하듯이 쓰자.
- 첫 문장에서 전체 윤곽을 잡아야 한다. 첫 문장만 읽고도 전반적인 내용이 한눈에 들어와야 한다.
- 육하원칙은 기본이다. 누가, 언제, 어디에서, 무엇을, 어떻게, 왜 했는지 쓴다.

다음은 유진이가 써서 처음으로 승인이 난 기사입니다. 기사 승인 나기 전에 띄어쓰기와 오타자를 수정해라, 맞춤법이 틀렸다, 사진 출처를 밝혀라 등의 지도가 한 차례 있었습니다.

"내 죽음을 적에게 알리지 마라" 전남 여수 이순신 광장을 찾아서

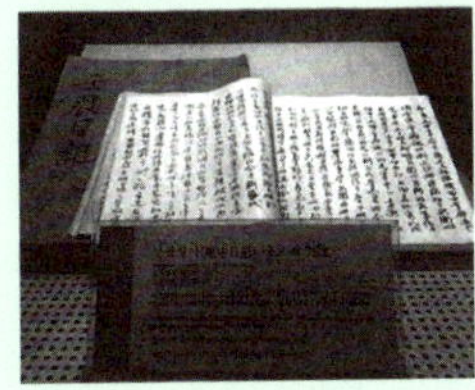

2019년 4월 25일 비가 내리는 오후, 본 기자는 학교 친구들과 함께 전남 여수에 있는 이순신광장에 방문했다. 광장에는 사람들이 별로 없

고 비만 조금씩 내리고 있었다. 왠지 쓸쓸한 느낌이 들었다.

이순신 광장 앞에는 충무공 이순신 동상이 기다란 칼을 매고 있다. 광장 주변에는 거북선이 자리 잡고 있다. 거북선 안으로 들어가 보니 누구나 한 번쯤은 들어봤을 법한 말, "나의 죽음을 적에게 알리지 마라" 충무공 이순신이 죽음을 앞두고 남긴 말이 가장 크게 눈에 들어왔다.

그리고 당시 상황을 밀랍 인형으로 재현해 놓았다. 문화재 해설사 선생님이 송희립 장군의 이야기를 들려주었다. 노량해전에서 이순신 장군이 크게 승리를 거둘 줄 알았지만 안타깝게도 이순신 장군이 노량해전 도중에 전사했고, 부하 송희립 장군이 대신 이순신의 갑옷을 입고 싸워서 노량해전에서 승리를 이끌었다는 내용이었다. 송희립 장군이 이순신 장군 옆에 있었더라면 이순신 장군도 송희립 장군이 믿음직스러웠을 것 같았다.

이순신 장군의 대표 저서인 『난중일기』도 보았다. 이순신 장군은 싸움만 잘하는 게 아니라 어머니에게도 지극정성으로 효도하고 매일 어머니를 그리워했다고 『난중일기』에 나와 있었다. 이순신 장군의 업적에 비해 생각보다 초라한 기념관을 보니 왠지 모르게 마음이 무거워졌다.

[사진 촬영 = 한국어린이기자단 2기 임유진 기자]
[글 = 한국어린이기자단 2기 임유진 기자]

주변에 눈을 돌리면 무엇이든 기사로 쓸 수 있습니다. 꾸준히 기사 쓰기를 연습하면 세상을 객관적으로 보고 생각하는 눈이 길러집니다. 아이와 함께 우리 가족 기자단 활동을 해보기를 추천합니다.

'나'를 당당하게 드러내는
자기소개서 쓰기

얼마 전에 서울대학교에 입학한 학생이 쓴 자기소개서를 보았습니다. 대학에서 요구하는 자기소개와 그동안 해왔던 활동을 이야기한 1,000자 분량 자기소개서였습니다. 불필요한 말을 나열하지 않고 대학에서 요구하는 것만 정확하게 짚었다는 것이 인상적이었습니다.

아이들은 자기소개서 쓰기를 어려워합니다. 그냥 시험을 보는 게 낫겠다고 하소연하는 아이도 많다고 합니다. 왜 그렇게 쓰기 어려운 것일까요. 아이들은 자신을 남에게 소개할 일이 많지 않습니다. 자신을 객관적으로 설명하는 글을 쓸 일도 없습니다. 한 번도 안 써본 주제에, 글쓰기와 익숙하지도 않으니 어떻게 쓸지 감도 잡기 어려울 겁니다.

대학 진학을 위해 쓰는 자기소개서에는 보통 장점과 단점, 성격, 지원하는 학부와 관련해서 활동한 일을 씁니다. 이때 객관적으로 자신이 해온 활동을 드러내면서도 당당하게 자신을 어필할 수 있는 자기소개서가 눈에 띄는 것은 당연한 일입니다.

자기소개서 쓰기에 앞서 '나 사용 설명서'를 먼저 써볼 것을 추천합니다. 자기소개서보다 부담스럽지 않고, 쓰면서 자신을 돌아볼 수 있습니다.

다음은 성연이가 국어 시간에 쓴 '나 사용 설명서'입니다.

나 사용 설명서

임성연 (중학교 1학년)

설명서에 본격적으로 들어가기 전 이 사용 설명서는 누군가의 지극한 정성으로 탄생했다는 걸 잊지 않길 바라며 이 설명서로 인해 임성연이라는 제품의 사용 방법에 대해서 자세히 익히길 권장한다.

제1장 (제품의 생김새)

이 제품의 이름 먼저 알려주겠다. 앞서 나왔지만 여러분의 머릿속에서 잊혀지지 않길 바라며 다시 한 번 알려주도록 하겠다. 이 제품의 제품명은 임성연이다.

이 제품을 만약 어디선가 마주친다면 쉽게 알아볼 수 있도록 이 제품의 생김새를 알려주겠다. 이 제품은 우선 흔히 말하는 해리 포터의 안경을 쓰고 있다. 또한 제품의 손과 발이 아주 작다. 작은 편에 속하는 이 손과 발의 크기에 대해서 말하는 것을 이 제품은 아주 싫어하니 이 제품에게 손, 발 이야긴 하지 말도록 하는 것이 좋을 듯하다.

그리고 이 제품은 아주 오래전부터 단발을 유지해 왔으며 길을 걷다 만약 동그란 안경에 손과 발이 작고 단발을 한 여자 아이를 본다면 이 제품일 것이라고 한 번쯤은 의심해 보아도 좋다.

제2장 (제품의 성격)

"제품에 성격이 어디 있어?"라고 생각하는 사람이 있다면 큰 오산이다. 이 제품은 성격은 물론 다른 제품들에게 낯을 가리기도 한다.

이제 본격적으로 이 제품의 성격에 대해 설명하도록 하겠다. 이 제품은 처음 본 다른 제품들에게 낯을 많이 가린다. 이 제품을 마주치게 된다면 이 제품이 먼저 다가오길 기대하진 말자.

그렇지만 일단 이 제품과 서로 정을 주고받으며 친해지

게 된다면 사람들이 흔히 말하는 일편단심이 된다. 이 제품이 자신을 막 대한다면 진정하게 친해진 사이라고 생각하면 된다.

그리고 이 제품은 싫음과 좋음이 정말 확실하도록 만들어졌기 때문에 이 제품과 함께하기 전엔 이 제품이 싫어하는 것과 좋아하는 것을 확실히 알고 만나도록 하자.

제3장 (사용 설명서를 끝내며)

이 제품에 대해 알려줄 것들이 무척 많지만 이제 슬슬 글이 길어지기 시작하여 지루하다고 하품을 하는 여러분이 눈에 보인다. 여러분을 위하여 이 제품에 대해 마지막으로 한 가지만 알려주고 끝내겠다.

이 제품은 길거리에서 우연히 마주쳤을 때 인사를 안 해주는 것을 무척이나 싫어한다. 아까 말했듯이 이 제품은 좋고 싫음이 분명하여 만약 여러분이 인사를 안 해준다면 이 제품 역시 영원히 아는 척을 안 해줄 것이니 인사만큼은 꼭 해주도록 하자.

이 사용 설명서에 나와있는 글은 모두 사실이며 단 1%의 거짓도 없다는 것을 늘 명심하고 이 제품에게 마지막으로 한 마디만 하고 끝내도록 하겠다.

"성연아! 사용 설명서 쓰느라 고생했어~"

성연이는 글에서 제품(자신)의 생김새, 제품의 성격, 마치며 등으로 챕터를 나누었습니다. 문장도 진짜 제품 사용 설명서처럼 "이 제품은 ~을 좋아한다"로 썼습니다. 전략을 구사하면서 글을 쓰는 것입니다. 긴 글은 이렇게 대략적인 굵은 가지를 열 개로 추린 다음에 써야 쉽게 쓸 수 있습니다.

성연이 글이 1,230자 분량이면서도 흐름이 탄탄한 것은 개요를 짠 다음 글을 썼기 때문입니다.

다음은 연꽃기법으로 자기소개서를 쓰는 방법과 성연이가 자기소개서를 쓰려고 짠 개요입니다.

연꽃기법으로 자기소개새 쓰기

1. 나와 관련하여 무엇을 설명할지 정합니다.

   (예) 장점과 단점, 성격, 태몽, 어릴 때 경험한 일 등

2. 연꽃기법으로 문단을 구성합니다.

2. 이름에 숨은 뜻	3. 어릴 때 한글을 알게 된 사연	4. 동물을 좋아하게 된 까닭
1. 들어가는 글	자기소개서	5. 그림을 사랑하는 마음
8. 마무리	7. 지금의 꿈이 달라진 이유	6. 초등학교 저학년 때 꿈

3. 글의 특징을 살려서 자기소개서를 씁니다.

성연이는 자기소개서를 일곱 문단으로 구성했습니다. 이름에 숨은 뜻, 한글을 알게 된 사연, 동물을 좋아하게 된 까닭, 그림을 사랑하는 마음, 초등학교 저학년 때의 꿈과 지금의 꿈이 달라진 이유와 취미를 소개했습니다.

글쓰기는 단기간에 효과를 보기는 어렵지만 성연이처럼 꾸준히 쓰고 읽다 보면 반드시 효과를 내는 때도 온답니다.

'글쓰기 자기점검표'로
퇴고하기

글을 썼다면 그다음은 무엇을 해야 할까요? 매끄럽게 읽히면서 이해가 쉬운 글이 되도록 고쳐야 합니다. 글을 다 쓰고 고쳐야 하나, 쓰면서 고쳐야 하나, 묻는 분도 많습니다. 쓰면서도 고치고 다 쓴 다음도 고치는 게 좋습니다.

아이들은 한 번 쓰면 잘 고치려 하지 않기 때문에 쓸 때 신중하게 천천히 쓰고, 다 쓴 다음은 입으로 세 번 이상 소리 내 읽으면서 고치도록 도와주세요.

다음에 소개하는 '글쓰기 자기점검표'대로 수정하면 한결 글이 매끄러워집니다. 성인이 글을 고칠 때도 매우 유용합니다.

퇴고를 위한 글쓰기 자기점검표

구분	확인할 내용	별점 평가
낱말	적절한 낱말을 썼는가	☆☆☆☆☆
	같은 뜻의 낱말이 연달아 나오지 않는가	
	뜻을 잘 모르고 사용한 낱말은 없는가	
	안 써도 될 비속어나 외래어를 지나치게 쓰지 않았는가	
문장	피동형 문장을 여러 번 거듭해서 쓰지 않았는가	☆☆☆☆☆
	주어와 술어가 바르게 호응하는가	
	접속어를 너무 많이 쓰지 않았는가	
	짧고 단순한 문장을 썼는가	
	띄어쓰기가 틀린 곳은 없는가	
	맞춤법에 맞게 썼는가	
문단	문단 순서가 글의 흐름에 맞는가	☆☆☆☆☆
	주제에서 벗어난 문단은 없는가	
	문단에서 중심 문장이 명확하게 드러나는가	
	중심 문장을 뒷받침하는 문장을 적절하게 썼는가	
	더 자세하게 설명할 문단이 있는가	
담문	주제를 쉽게 이해할 수 있는 글인가	☆☆☆☆☆
	열고 펴고 맺고 닫는 형식인가	
	모두에게 이로운 내용인가	
	자료를 인용한 출처가 분명한가	

공부가 쉬워지는 글쓰기

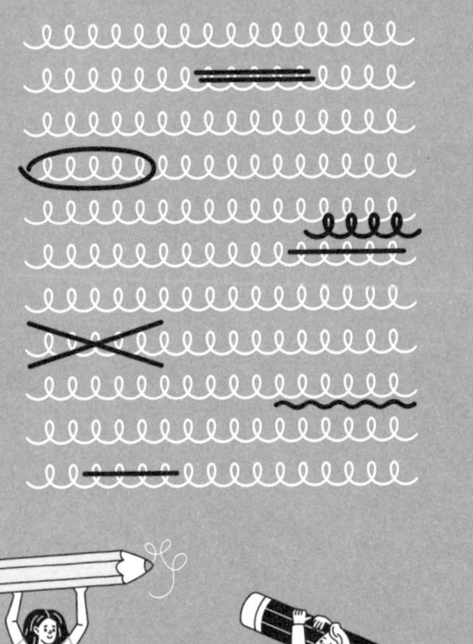

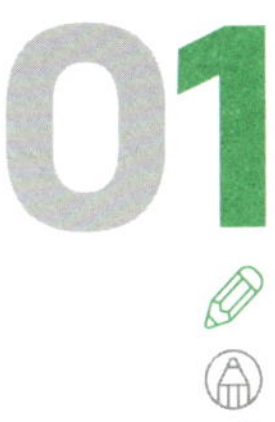

01

과정 중심 수행평가,
어떻게 할까

다음은 초등학생들이 학교에서 치르는 수행평가 문항 예시입니다. 함께 읽어볼까요.

문항 번호	학년/학기	내용/행동영역	평가 방법	문항 수준	관련 쪽수
	4학년 1학기	지리/이해	서술형	하	10~19
단원	1. 촌락의 형성과 주민 생활 ❶ 촌락의 위치와 자연 환경				
평가 요소	지도를 보고 촌락의 위치와 자연 환경 알아보기				

〈평가 문항〉 정인이의 일기를 읽고 물음에 답하시오.

① 정인이의 일기

우리 가족은 바닷가에 있는 할머니 댁에 다녀왔습니다.

창밖으로 크고 작은 마을들이 지나가고, 넓은 들판에는 비닐하우스가 보였습니다. 할머니 댁이 가까워지자 고기 잡이를 하는 배들이 보였습니다. 할머니 댁 주변에는 내가 좋아하는 오징어를 말리는 건조장도 있었습니다. 작은 오 징어는 바닷바람에 말려야 맛있다고 아버지께서 말씀하셨 습니다.

② 촌락의 위치

예 위치가 표시된 지도

문항1. 정인이의 가족이 찾아간 곳을 ② 촌락의 위치에서 찾아 기호 를 쓰시오.

문항2. 정인이의 할머니가 살고 있는 촌락의 자연 환경 특징을 2가 지 쓰시오.

출처: 「초등학교 평가방법 개선을 위한 과정 중심 상세형 수행평가 길라잡이」
(충남교육청, 2015) 참조

마치 수능 문제 같지요? 교사는 교육 과정에서 제시하는 과목별, 학년별, 단원별 성취 기준을 따라 문항을 만듭니다. 전처럼 문제집을 많이 풀고 문제만 외워서는 이런 다양한 문제 유형 앞에서 당황할 수밖에 없습니다. 평소 많이 읽고 써서 어떤 문장 앞에서도 생각을 글로 자유롭게 표현할 수 있어야 합니다.

과정 중심 평가는 문장 구성 능력, 적절한 단어를 찾아서 적절한 자리에 쓰는 능력, 창의적인 문제 해결 능력까지 모두 봅니다. 과정 중심 평가에서 글을 구성하고 자유롭게 표현하는 능력은 매우 중요할 수밖에 없습니다. 그런데 아이들은 이런 문항에 단답형으로 짧게 답합니다.

- 바다가 있음
- 갯벌

이런 단답형 답보다 완전한 문장으로 쓰는 것을 익히는 게 좋습니다. 완전한 문장은 주어와 술어가 있는 문장을 말합니다. 완전한 문장으로 쓰면 문제를 잘못 읽어서 틀리거나 생각을 제대로 표현하지 않고 대충 쓰는 일이 줄어듭니다.

- 정인이가 찾아간 할머니 댁 주변에는 바다가 있다.

• 정인이가 찾아간 할머니 댁 주변에는 갯벌이 있고, 바닷바람으로 오징어를 말린다.

특히 서술형 평가에는 모범 답안 말고도 답으로 인정하는 인정 답안이 있습니다. 인정 답안은 모범 답안과 완벽하게 일치하지 않아도 부분적으로는 맞았음을 인정합니다. 인정 답안에서 부분 점수라도 받으려면 낱말 하나로 짧게 대충 답하는 습관을 빨리 버려야겠지요.

저는 어릴 때 수, 우, 미, 양, 가가 적힌 통지표를 받았습니다. 중학교에 갔을 때는 등수, 총점이 적힌 통지표를 받았고요. 아마 대다수의 초등 학부모도 저와 비슷할 겁니다. 부모 세대에겐 평가라고 하면 전교 등수, 반 등수, 총점, 평균 등의 평가를 먼저 떠올리는 게 당연합니다.

지금 아이들에게 평가는 그렇지 않습니다. 수업 장면에서 수시로 이뤄지는 형성 평가, 학생의 학습능력과 수준을 진단하는 진단평가, 아이들의 학습 과정을 살피고 향상도를 보고자 하는 과정 중심의 평가, 이 모든 평가가 지금 아이들의 평가입니다.

예를 들어 볼까요. 결과만 놓고 본다면 수학 시험에서 100점을 맞는 아이는 '매우 잘함'일 겁니다. 그런데 학기 초엔 구구단도 잘 못 외우던 아이가 꾸준히 노력해서 학기 말에 나아진 모습을 보였다면 어떨까요. 또 다른 의미에서는 이 아이도 ‘잘함’으로 볼 수 있을 겁니다. 과정중심평가는 평가 자체를 피드백의 의미로 삼습니다. 더 나아질 수 있는 방향을 모색하고, 앞으로의 학습에서 나침반으로 삼는 것이지요.

이런 까닭에 학교는 날을 정해놓고 종이 시험지를 풀던 방식의 시험에서 벗어나려 다양한 노력을 기울이고 있습니다. 아이들이 수업하는 과정에서 하는 모든 행동을 관찰하고, 나아지는 정도를 살피고, 그 향상도를 기술하려 애쓰는 것이지요. 토의와 토론, 구두발표, 실험과 실습……. 심지어 모둠 활동에서 친구의 말을 경청하는 태도까지. 일상의 수업에서 일어나는 모든 장면이 평가의 현장이 되는 것입니다.

가정에서도 이런 흐름과 변화를 이해한다면 아이의 매일을 배움으로 볼 수 있을 것입니다. 오늘 당장의 점수에 연연하기보다 어제보다 나아진 모습, 학습에서의 성장 정도를 살피려고 가정에서 함께 노력한다면 분명 아이도 그만큼 한 걸음 더 나아간 모습을 보여줄 것입니다.

사실 그 시작은 아주 간단합니다. 오늘 아이에게 “오늘 수업에서 뭐가 제일 어려웠어?”, “어떤 부분이 가장 궁금했어?”라고 물어보는 것, 그것부터가 과정중심평가의 가정 버전이랍니다.

02

아이들이
학교에서 배우는
학년별 글쓰기

독서 교육에 관심 많은 학부모라면 학년별 필독서나 추천 도서를 잘 아실 겁니다. 왠지 필독서나 연령별 추천 도서라고 하면 꼭 읽어야 할 것 같습니다. 그러나 아이마다 배우는 속도가 다르듯 독서 능력도 발달 속도가 다릅니다. 아이 수준에 맞는 책을 읽는 게 가장 좋습니다.

글쓰기도 마찬가지입니다. 6학년이지만 「해님 달님」으로 두세 줄짜리 독후감을 쓰는 아이가 있는가 하면 3학년이지만 논술을 쓰는 아이도 있습니다. 아이마다 글쓰기 능력도 수준이 다릅니다. 학교에서는 학년별로 어떤 글쓰기를 배우는지 교육과정을 살펴볼까요.

1, 2학년 교육과정은 주변에서 경험한 것을 바탕으로 글을

쓰게 합니다.

이 시기 아이들은 교실 밖에만 나가도 재미있어합니다. 대체로 긍정적이고 자신감이 넘칩니다. 열심히 말하고 질문하고 떠듭니다. 아직은 글쓰기보다 말로 표현하기가 더 어울립니다.

1, 2학년 글쓰기는 아이가 말하는 것을 엄마가 받아 적는 게 낫습니다. 글씨 바르게 쓰기, 바른 자세로 책 읽기, 의성어와 의태어 활용하기, 맞춤법과 띄어쓰기 익히기를 배우는 정도면 충분합니다. 아직 손힘이 부족하고 연필 쥐는 것도 어색한 저학년 아이들이 몇 시간씩 걸려서 그림일기를 쓰는 것은 하지 말아야겠지요.

3, 4학년 교육과정에서는 의견과 마음을 나타내는 글쓰기를 배웁니다. 글 쓰는 이의 의견과 마음을 표현하려면 짧은 글로는 안 되기 때문에 긴 글을 쓰기 위한 기초 작업으로 문단 쓰기가 등장합니다. 독후감, 보고서, 짧게 주장하는 글쓰기, 일기 쓰기 등을 수업 시간에 배웁니다.

3, 4학년은 저학년처럼 경험한 것을 쓰되, 자세하게 쓰도록 도와주세요. 관찰하고 조사한 것을 바탕으로 자세하게 보기, 보고 들은 대로 쓰기, 더 알고 싶은 것 생각하기 등 글쓰기의 기본을 연습하기에 좋은 때입니다.

5, 6학년 교육과정은 논리적인 글쓰기를 합니다. 상대를 고

려하는 글을 쓰게 하는 것도 눈에 띕니다. 3, 4학년 때 글쓰기 자신감을 길러주는 것에서 한 걸음 나아간 글쓰기입니다.

5, 6학년이 되면 아이들은 자기 주장이 강해집니다. 다른 사람과 의견이 부딪치는 일이 많아지면서 아이들 사이에서 갈등이 많아집니다. 이럴 때 논리적인 근거를 들어 설득하고 글을 써서 해결하는 방법으로 현실적인 문제들을 다루면 좋습니다. 이런 글을 쓸 수 있으면 그때부터는 깊이 생각하는 글을 써보는 게 좋습니다. 1,000자 이상 긴 글을 다양한 주제로 써볼 것을 추천합니다.

교육과정대로라면 누구나 국어 수업 시간만으로 글을 잘 써야 맞습니다. 그러나 글쓰기 능력은 수업 시간에 몇 번 연습하는 것으로는 쉽게 길러지지 않습니다. 다양한 글을 많이 읽고 꾸준히 써보는 것만이 유일한 답입니다.

초등 국어과 쓰기 교육의 내용 및 요소

핵심 개념	일반화된 지식	학년(군)별 내용 요소			기능
		1~2학년	3~4학년	5~6학년	
• 쓰기의 본질	쓰기는 쓰기 과정에서의 문제를 해결하며 의미를 구성하고 사회적으로 소통하는 행위다.			의미 구성 과장	• 맥락 이해하기 • 독자 분석하기 • 아이디어 생산하기 • 글 구성하기 • 자료와 매체 활용하기 • 표현하기 • 고쳐쓰기 • 독자와 교류하기 • 점검과 조정하기
• 목적에 따른 글의 유형 • 정보 전달 • 설득 • 친교와 정서 표현 • 쓰기와 매체	의사소통의 목적, 매체 등에 따라 다양한 글 유형이 있으며 유형에 따라 쓰기의 초점과 방법이 다르다.	• 주변 소재에 대한 글 • 겪은 일을 표현하는 글	• 의견을 표현하는 글 • 마음을 표현하는 글	• 설명하는 글 (목적과 대상, 형식과 자료) • 주장하는 글 (적절한 근거와 표현) • 체험에 대한 감상을 표현한 글	
• 쓰기의 구성 요소 • 필사, 글, 맥락 • 쓰기의 과정 • 쓰기의 전략 • 과정별 전략 • 상위 인지 전략	필자는 다양한 쓰기 맥락에서 쓰기 과정에 따라 적절한 전략을 사용하여 글을 쓴다.	• 글자 쓰기 • 문장 쓰기	• 문단 쓰기 • 시간의 흐름에 따른 조직 • 독자 고려	• 목적과 주제를 고려한 내용과 매체 선정	
• 쓰기의 태도 • 쓰기 흥미 • 쓰기 윤리 • 쓰기의 생활화	쓰기의 가치를 인식하고 쓰기 윤리를 지키며 즐겨 쓸 때 쓰기를 효과적으로 수행할 수 있다.	• 쓰기에 대한 흥미	• 쓰기에 대한 자신감	• 독자의 존중과 배려	

03

다빈치
글쓰기 공책
만들기

1994년 빌 게이츠는 무려 340억 원을 주고 36장짜리 공책 필사본을 한 권 구입했습니다. 레오나르도 다빈치의 필사본 공책이었습니다. 레오나르도 다빈치는 온갖 아이디어와 수많은 실험 결과를 모두 공책에 적었습니다. 다빈치가 썼던 공책에는 헬리콥터, 거중기, 글라이더 등 혁신적인 아이디어가 잔뜩 담겨 있습니다.

다빈치처럼 천재만 아이디어가 샘솟는 것이 아닙니다. 평범한 사람에게도 매일 수만 가지 생각이 앞다투어 떠오릅니다. 평범한 사람은 아이디어를 흘려 보내지만 천재는 아이디어를 공책에 적습니다.

아이에게 글쓰기 공책을 만들어주세요. 글쓰기 공책을 일주일에 한 쪽씩만 써도 글쓰기 실력이 쑥쑥 늡니다. 대학 입시 때 자기소개서에 어린 시절부터 써 온 글쓰기 공책을 소개한다면 입학 사정관도 눈여겨볼 것입니다. 어릴 때부터 꿈을 가꾸고 실현해 왔다는 것을 분명 인정받겠지요.

 **글쓰기 공책 이렇게 써요**

준비물 공책

1. 연꽃기법으로 주제와 관련한 아이디어를 기록합니다.

① 주제와 관련해서 직접 보고 들은 사실만 씁니다. 인터넷으로 검색하거나 책을 읽어서 알게 된 정보는 출처까지 밝힙니다.

② 주제와 관련해서 생각났거나 느낀 점을 씁니다. 주제와 관련한 감정과 기분, 생각을 씁니다. 사실과 생각은 다릅니다. '맛있는 냄새', '예쁜 꽃'은 생각이고 '꽃에서 향기가 났다'는 것은 사실입니다. 사실과 생각을 구별할 수 있어야 논리적이고 정확한 근거를 들어서 글을 쓸 수 있습니다.

2. 500자 글쓰기 칸에 쓴 사실이나 정보, 생각이나 느낌 등을 이어서 짧은 글로 씁니다. 500자 정도 짧은 글을 쓴 다음 살을 붙이면 1,000자가 넘는 훌륭한 글 한 편이 나옵니다.

<table>
<tr><td colspan="3">날짜: 2026. 00. 00.   날씨:</td><td>500자 글쓰기</td></tr>
<tr><td colspan="3">연꽃기법으로 글감 찾기</td><td>제목:</td></tr>
</table>

	주제:	

① 주제와 관련해서 직접 보고 들은 사실

② 주제와 관련해서 생각하거나 느낀 점

은율이의 글쓰기 공책

날짜　　.　.　.　날씨 :	500자 글짓기
연꽃기법으로 글감 찾기 계절 마다는 눈, 비해, 구름 등 날짜마다 안다 / 가을은 내일 꿈을 엮는 정선사람이다. / 새학기는 봄처럼 처음을 알린다. 선생님께 혼나면 겨울이 된다 / 주제: 학교는 계절이다. / 수업시간은 여름에 긴 낮시간처럼 느껴진다. 나는 계절간의 항상 기분이 바뀐다 / 체육시간은 날씨 좋은 나가고 싶은 날 같다. / 쉬는시간은 겨울의 짧은 밤시간처럼 느껴진다.	제목 : 학교는 계절이다. 학교에 오면 기분이 바뀌는 것처럼 날씨도 항상 바뀐다. 새학기가 오면 봄처럼 처음을 알린다. 어떤친구를 만나게 될지 선생님이 누구일지 궁금해진다. 우리처럼 새싹들도 기대하는 마음을 품고 살며시 올라온다. 계절은 아침과 밤의시간도 다르다. 한여름에 낮시간처럼 수업시간은 길게 느껴진다. 쉬는시간은 짧은 밤처럼 느껴진다. 내가 가장 좋아하는 계절은 가을이다. 가을처럼 좋아하는 시간도 점심시간이다. 가을같은 점심시간은 배부르게 하고 선선한 운동장에서 친구들과 뛰어노는 시간이기도 하다. 나는 가을같은 점심시간이 좋다. 아침부터 가슴을 콩콩거리게 하는 것은 체육수업이다. 마치 밤새 내린 하얀눈이 소복히 쌓인 눈이 트게 된구봐 눈사람을 빨리 만들고 싶은 것처럼 체육시간이 기대된다. 태, 비, 눈 처럼 계절 마다도 날씨가 많다. 그와 같이 수업시간 마다도 겸이 많이 달라진다. 친구들이 말썽을 피워 혼날때는 춥게 되고 겨울게 썰썰하게 분위기가 된다. 그러다가 소리를 치려 천둥번개가 친것처럼 정신이 번쩍 깨어난다. 학교는 따뜻하게 나 좋은 낮처럼 시간이 빨리 지나 가거나 겨울이 될때도 있다. 나의 기분은 날씨처럼 항상 바뀌고 나는 이런 계절같은 학교생활이 정말 즐겁다.
주제와 관련해서 직접 보고 들은 사실 여름에는 밤이 빨리 끝나고 낮이 늦게 끝난다. 해가 뜨면 덥다. 눈이나 비가오면 좋다. 혼나면 모두 조용해 진다.	
주제와 관련해서 생각하거나 느낀 것 친구들과 선생님이 누구인지 기대된다. 쉬는 시간은 짧게 느껴진다. 체육은 재미있다. 선생님께서 혼내는것을 보면 무섭다. 날씨가 좋으면 나가고 싶다.	

04

글쓰기 습관을 들이는 글쓰기 체크리스트

학교에서 공부를 잘하는 학생, 못하는 학생 모두 수없이 만나봤습니다. 공부 잘하는 학생치고 학습 습관이 불량한 경우는 없었습니다. 거꾸로 공부하는 습관이 없는 아이가 공부를 잘하는 경우도 없었습니다. 학습 습관은 학습 성취와 직접 연결되기 때문에 공부를 잘하고 싶다면 학습 습관을 먼저 잡아야 합니다.

저는 학습 습관을 지도하기 위해 '셀프 학습 체크리스트'를 개발해서 활용했습니다. CBS 〈세상을 바꾸는 시간 15분〉 강연에서도 소개했듯이 셀프 학습 체크리스트는 운동, 독서, 미션, 공부 네 가지를 학생이 스스로 계획을 세우고 지키는 것입니다.

셀프 학습 체크리스트를 꾸준히 실천한 학생들은 놀라울 정도로 달라졌습니다. 제가 가르쳤던 학생만 그런 게 아닙니다.

셀프학습체크리스트를 활용한 다른 선생님들도 똑같은 결과를 거두었습니다. 습관은 그야말로 천하무적입니다.

	목(10 월 16 일)	확인	금(10 월 17 일)	확인	이번 주 나의 반성
공부	1.창의일기쓰기(자유)	O	1.자유일기쓰기	O	이번주는 엄청 바쁘게 지나 간 것 같다. 할렁도하고, 시험기간이기도 했으니 바쁘지 않을 수가 없다. 그래서 그런지 이번주는...배우고 가르치는 것을 많이 못한 것 같다. 다음주에는 열심히 해야지!
	2.구몬 학습지(4장)	O	2.구몬학습지4장(국어)	O	
	3.(영어식 사고)듣고, 듣기	O	3.(영어식 사고) 듣고, 풀기	O	
미션	1.지훈이에게 사진무바는것 배우기	X	1.현정이 글씨 가르쳐주기	X	
	2.유지컬 연습하기(5분)	O	2.유지컬 연습하기(5분)	O	
독서	1.나름사용 설명서 끝까지읽기	O	※책 빌리기		
	2.나의라임오렌지 나무 (50쪽)	O	1.나의 라임 오렌지 나무(끝까지)	△	
					부모님확인 / 선생님확인
운동	1.태권도 1시간 운동	O	1.태권도 1시간운동	O	
	2.		2.자전거 30분타기	X	

학생이 직접 작성한 셀프 학습 체크리스트

글쓰기도 똑같습니다. 습관보다 나은 훈련은 없습니다. 저는 책을 쓸 때 매일 일정 분량만큼 글을 씁니다. 낮에는 업무가 많고, 집에 오면 가족들과 시간을 보내야 하기 때문에 많은 분량을 쓰지는 못합니다. 대신 A4 용지 두세 장을 매일 씁니다. 적어 보아도 한 달이면 60장입니다. 보통 책 한 권이 A4 용지 180쪽 내외이므로 넉넉하게 잡아도 다섯 달이면 책을 한 권 쓸 수 있습니다.

다음은 제가 교실에서 활용했던 셀프 학습 체크리스트를

한 단계 더 발전시킨 글쓰기 체크리스트입니다. 글쓰기 체크리스트를 활용하면 글을 꾸준히 쓰는 데 큰 도움이 됩니다. 몇 달만 꾸준히 해도 독서와 운동, 공부 모두 습관으로 만들 수 있습니다. 몇 달 안 가 엄마 잔소리가 반으로 줄어듭니다. 이건 저희 반 학생들과 학부모님들 모두가 인정한 사실입니다.

	월		화		수	
독서						
운동						
글쓰기						
공부						

	목		금		반성
독서					
운동					
글쓰기					
공부					

05

공부가 쉬워지는
공책 정리와 학습일지 쓰기

공신 강성태가 방송에서 한 유명한 실험이 있습니다. 내신 9등급인 학생들만 모아서 성적을 올리는 실험이었습니다. 공신은 학생들이 집에 들어오면 A4 용지에 학교에서 배운 내용을 모두 쓰게 했습니다.

처음에는 쓸 말이 없어서 한두 문장을 겨우 쓰던 아이들이 서서히 분량이 늘면서 나중에는 대여섯 장도 거뜬히 썼습니다. 이 학생들은 두 달 만에 모의고사에서 50점 이상 점수가 올랐습니다. 그가 학생들에게 적용했던 방법이 바로 학습일지 쓰기입니다.

왜 이 학생들은 짧은 시간에 성적이 올랐을까요. 배움의 본질이 익히는 데 있기 때문입니다. 배우고 끝나면 잊어버리지만,

배우고 익히면 내 것이 됩니다.

학습일지를 쓰면 뇌는 배운 내용을 문장으로 재구조화합니다. 스스로 익히는 과정을 거치면서 저절로 복습이 되지요.

수업 시간에 딴짓하는 아이들은 대부분 손장난을 하거나 딴생각을 합니다. 공책을 쓰게 하면 수업에 집중할 수밖에 없습니다. 더 열심히 듣고 더 열심히 묻고 더 열심히 말합니다. 수업에 놀라울 정도로 빠져듭니다. 멍하니 앉아서 선생님이 해주는 말을 듣기만 하는 것보다 스스로 공책을 정리하고, 궁금한 것을 묻고 토론하는 것이 백 배는 유익합니다.

안타깝지만 우리나라는 희한할 정도로 수업 시간에 공책 필기하는 일을 소홀히 여깁니다. 다른 나라는 그렇지 않습니다. 저는 이탈리아, 프랑스, 영국, 독일, 스웨덴, 핀란드, 중국, 케냐 등 여러 나라에서 초등학생과 중·고등학생이 수업하는 모습을 참관했습니다. 제가 본 거의 모든 아이가 공책에 필기를 했습니다. 그것도 아주 열심히. 이탈리아에서 본 초등학교 1학년도 그랬고, 중국에서 본 초등학교 4학년도 그랬고, 독일에서 본 중학교 3학년도 그랬습니다. 심지어 케냐에서도 그랬습니다.

물론 교사마다 가르치는 방법이나 교육관이 다르니 1년이 가도 공책 한 번 펴지 않는 교실도 있을 겁니다. 상관없습니다. 설사 선생님과 함께 공책을 정리하지 않더라도 혼자서도 얼마든지 공책 정리를 하고, 학습일지도 쓸 수 있습니다. 저학년은 물론이고 고등학생도 오늘 배우면 내일 바로 써먹을 수 있습니다. 한 번만 잘 배워두면 두고두고 자산으로 남습니다.

제가 담임했던 6학년 아이들은 중학교에 가면 선생님들에게 공책 정리를 잘한다는 칭찬을 어김없이 들었습니다. 아이들 모두 1년 내내 공책을 정리했고, 학습일지를 썼습니다. EBS 다큐프라임 〈교육대동여지도 교사 고수전〉에서도 저희 반 아이들이 썼던 공책이 소개됐습니다. 방송에 나왔던 공책 정리와 학습일지를 소개합니다.

1. 먼저 공책을 크게 네 칸으로 나눕니다.
2. 가장 큰 칸에 선생님과 수업 시간에 공부한 내용을 짤막하게 정리합니다. 정리할 때는 번호를 매기면서 씁니다. 배운 내용을 짜임새 있게 구조화하는 요령을 배우는 것입니다.
3. 오른쪽 좁은 칸에 수업 시간에 궁금했거나 새로 알게 된 개념어를 기호를 붙여서 정리합니다. 개념어는 1부에서 살펴봤던 '개념어 사전'을 만들 때도 씁니다.
4. 아래 넓은 칸에 학습일지를 씁니다. 학습일지는 수업 시간에 배운 내용을 돌아보면서 무슨 내용을 배웠는지, 새

로 알게 된 것은 무엇인지, 궁금하거나 더 알고 싶은 내용 등을 일기처럼 씁니다. 끝은 수업 태도를 점수로 매기게 합니다. 예를 들어 '수업 시간에 태도가 좋지 않았던 것 같아서 오늘 내 수업 태도는 70점이다', '질문도 많이 하고 수업 준비도 잘 해갔다. 내 수업 태도는 90점이다'처럼 씁니다. 이런 피드백을 스스로 할 줄 알아야 수업에 참여하는 태도가 좋아집니다.

5. 오른쪽 아래 좁은 칸에 배운 것 중 가장 중요한 내용으로 OX 퀴즈나 단답형 퀴즈를 냅니다. 단원이 끝나면 이 퀴즈들만 모아서 스피드 퀴즈로 복습할 수 있습니다.

처음에는 자신 없는 과목 하나만 골라서 하루에 한 쪽씩 정리하고, 익숙해지면 여러 과목으로 늘려갑니다. 시험을 볼 때는 문제집이나 참고서를 따로 참고하지 않아도 이 공책 하나만으로 모든 공부가 끝납니다. 저희 반 아이들은 포스트잇과 4색 볼펜, 형광펜을 활용해서 공책을 참고서로 만들었습니다. 대학생 공책 부럽지 않았습니다.

동윤이와 은율이, 건율이도 공책 정리와 학습일지 쓰기를 배웠습니다. 정리하는 방법을 배운 다음 학교에서 수업 시간에 공책 정리를 했습니다. 동윤이 부모님은 동윤이 공책을 보면서 무척 놀라셨고, 진즉 배웠으면 하고 아쉬워할 정도로 만족하셨습니다.

〈학습 내용〉	〈핵심 개념어〉
날짜 3/25 (학) 한국의 명절에 대해 알아보자.	?: 모르는 낱말
	!: 새로 알게 된 사실
1. 한국의 명절	※: 이 시간에 배운 가장
- 설날 - 추석	중요한 개념
- 정월대보름 - 단오	
2. 한 줄 정리	
한국의 명절은 □이다. 왜냐하면 ~ 이기 때문이다.	

〈학습일지〉	〈퀴즈〉
오늘은 한국의 명절에 대해서 배웠다.	Q. 한국의 대표적인 명절이라고
한국의 명절에는 설날, 추석, 정월대보름이 있었다.	하기 어려운 것은 무엇일까?
⋮	1. 설날 2. 한식

9/19 학: Is this your watch (문장에 대한 알맞은 대답을 할
수 있다.

우산 = (영어로) umbrella   자전거 (영어로) bike

깃발 (영어로) flag   시계 = (영어로) watch

문장

Q: Is this your umbrella? 이게 니 우산이니?
A: Yes, It is. 어, 내 거야.
A: No, It isn't. 아니, 내 거가 아니야.
　My umbrella is big. 내 우산은 커.
　My umbrella is red. 내 우산은 빨개.

학습일지

오늘은 영어시험에 시험을 봤다. 문제는 빠진
단어를 쓰는 것이었다. 다른 한 문제는
그림에 해당하는 크기와 색에 맞는 단어를
골라 쓰는 것이었다. 하지만 다 쉬웠다. 왜냐하면
난 영어학원을 다니기 때문이다. 시험이 끝나고
영화 〈스파이더맨 홈커밍〉을 봤다. 수업 태도
시험에 집중했기 때문에 100점 만점에 100점이다.

그림을 보고 단어에
맞는 알파벳 써넣기
시계

w_tc_
(a, h)

208

과학

Date.   No.

9/18. 학: 물이 얼 때 부피와 무게 변화 살펴보기.

물이 얼어 얼음이 되면 부피와 무게가 어떻게 될지
예상하기.

    부피   무게
예) 커진다.   예) 변하지 않는다

물이 얼기 전과 후의 부피와 무게 측정하기.

   부피
얼기전   언후   무게(g)

            얼기전   언후

            예) 11g   예)11g

물이 얼면 부피가 늘어난다.

물이 얼면 무게는 변하지 않는다.

학습일지	Q and A
오늘은 물이 얼 때 부피와 무게 변화를 배웠다.	물이 얼기 전과 언후의
물이 얼어 얼음이되면 부피와 무게가 어떻게	무게를 바르게 짝지은 것은?
될 지 예상을 했는데 나는 부피는 커지고	1. 얼기전 언후 (2)
무게는 변하지 않는다고 썼다. 물이 얼기 전과 후의	11g 12g
부피와 무게도 측정했다 부피는 언후가 더 컸는데	2. 얼기전 언후
무게는 똑같았다. 수업 태도	11g 11g
좋고 아파서 수업에 잘 임하지 않았기 때문에 수업태	
도는 100점 만점에 80점이다.	

선생님, 우리 아이도 할 수 있을까요?

전에 온라인으로 예꼬작 글쓰기를 가르쳤던 아이와 학부모를 강연에서 다시 만났던 적이 있습니다. 이 책에서 다룬 바로 그 내용대로 글쓰기를 가르쳤던 아이였습니다. 어머니가 멀리 강연장까지 아이를 데리고 찾아오셨더군요. 강연이 끝나고 아이와 함께 인사를 나누는데 눈물을 흘리면서 말씀하셨습니다.

"선생님의 글쓰기가 저희 아이를 똑똑하게 키워줬어요. 전보다 공부도 더 잘하게 됐고, 논술이든 토론이든 수학이든 더 잘하게 해줬죠. 너무 신기하고 놀라웠어요. 하지만 선생님, 그보다도 더 감사한 건 따로 있습니다. 사춘기로 접어드는 아이가 교실에서 친구 관계로 힘들어할 때가 있었어요. 그때 그 어려움을 이겨내게 해준 게 글쓰기였어요. 아이 스스로 자신의 마음을 달래고 어루만지는 힘을 글쓰기에서 찾아내더라고요. 저희는 그런 글쓰기를 가르쳐주신 선생님께 정말로 감사하고 또 감사합니다."

저는 이게 글쓰기의 힘이라고 생각합니다. 우리가 아이에게 글쓰기를 가르쳐야 하는 이유이기도 하고요.

저는 글쓰기를 정말 사랑합니다. 바쁜 중에도 교사들과 아이들에게 글쓰기를 꾸준히 가르친 것도 그래서입니다. 제 삶을 바꿨고, 오랜 상처를 극복하고 치유하게 해준 것이 글쓰기였기 때문입니다.

글은 쓸수록 삶이 달라집니다. 아이를 똑똑하고 영리하게 해주는 힘도 있지만, 그 무엇보다 마음을 달래고 어루만지는 힘이 있습니다. 설사 상처받고 힘든 일이 있었다고 해도 글을 쓰면서 내 감정을 잘 다룰 수 있게 되고 또 그만큼 잘 들여다보게 됩니다.

이 책을 읽은 독자들이 가성에서, 학교에서 아이와 함께 행복하게 글을 써보시면 좋겠습니다. 모두의 삶이 글쓰기로 조금 더 따뜻하고 친절해지면 좋겠고요. 잘 쓰고 못 쓰고의 문제가 아니라, 서로의 삶을 어루만지는 따뜻한 손길로 글을 써내려가면 더 바랄 게 없겠습니다. 감사합니다.

김성효 씀

피그말리온 029

아이의 쓰기 연습

개정 1판 1쇄 인쇄 2026년 4월 8일
개정 1판 1쇄 발행 2026년 4월 22일

지은이 김성효
펴낸이 김영곤
펴낸곳 (주)북이십일 21세기북스

TF팀 팀장 김종민
기획편집 신지예 **마케팅** 정성은 김지선
편집 꿈틀 이정아 **디자인** design S
마케팅영업부문 정지은 **영업** 김지윤 강경남 김도연
e-커머스 장철용 명인수 황성진
제작팀 이영민 권경민

출판등록 2000년 5월 6일 제406-2003-061호
주소 (10881) 경기도 파주시 회동길 201(문발동)
대표전화 031-955-2100 **팩스** 031-955-2151 **이메일** book21@book21.co.kr

ⓒ 김성효, 2026

ISBN 979-11-7357-952-3 03590

(주)북이십일 경계를 허무는 콘텐츠 리더

21세기북스 채널에서 도서 정보와 다양한 영상자료, 이벤트를 만나세요!
페이스북 facebook.com/21cbooks **포스트** post.naver.com/21c_editors
인스타그램 instagram.com/jiinpill21 **홈페이지** www.book21.com
유튜브 youtube.com/book21pub

| 미주 |

1) 『플루언트』(조승연, 2016, 와이즈베리)

2) YTN 사이언스 (2024.2.6.) "디지털 시대에 주목받는 손글씨…학습 능력 높인다" https://m.science.ytn.co.kr/program/view_today.php?s_mcd=0082&key=202402061231441851

3) AI타임스 (2025.6.23.) MIT "챗GPT 사용자, 뇌파 측정 결과 학습 능력 저하…인지·기억력 모두 감소" https://www.aitimes.com/news/articleView.html?idxno=171515

PYGMALION

'피그말리온'은 국내외 최신 교육 지식과 본질적
방법론을 엄선하여 부모를 위한 지혜와 아이의
미래를 내다보는 인사이트를 제공합니다.

- 천 번을 흔들리며 아이는 어른이 됩니다
- 스스로 결정하는 아이
- 세상에서 가장 쉬운 본질육아
- 공부가 아이의 길이 되려면
- 0~3세 기적의 뇌과학 육아
- 메타인지 학습법
- 임포스터
- 딸은 세상의 중심으로 키워라
- 작은 소리로 아들을 위대하게 키우는 법
- 육아 효능감을 높이는 과학 육아 57
- 이런 공부법은 처음이야
- 이런 진로는 처음이야
- 14살의 말 공부
- 이서윤의 초등생활 처방전 365
- 7~9세 독립보다 중요한 것은 없습니다
- 어린이 첫 사회성 사전
- 엄마의 말·잘·법
- 아이의 말 연습
- 아이의 읽기 연습
- 아이의 쓰기 연습